U0289051

输电线路护线工作手册

贾雷亮　郝向军　主编

中国电力出版社
CHINA ELECTRIC POWER PRESS

内 容 提 要

本书图文并茂、通俗易懂，主要介绍了输电线路护线工作的相关知识。本书共分6章，内容分别为概述、输电线路基本知识、护线巡视主要内容、特殊巡视、外力破坏故障巡视及案例、巡视安全注意事项。

本书可供输配电运行维护人员和广大群众护线员参考学习。

图书在版编目（CIP）数据

输电线路护线工作手册/贾雷亮，郝向军主编 .—北京：中国电力出版社，2012.12（2022.9重印）
ISBN 978-7-5123-3545-5

Ⅰ.①输⋯　Ⅱ.①贾⋯②郝⋯　Ⅲ.①输电线路-保养-技术手册　Ⅳ.①TM726-62

中国版本图书馆 CIP 数据核字（2012）第 228203 号

中国电力出版社出版、发行

（北京市东城区北京站西街 19 号　100005　http：//www.cepp. sgcc. com. cn）

三河市航远印刷有限公司印刷

各地新华书店经售

*

2012 年 12 月第一版　2022 年 9 月北京第三次印刷

850 毫米×1168 毫米　32 开本　4.625 印张　115 千字

印数 5001—5500 册　　定价 **20.00** 元

版 权 专 有　侵 权 必 究

本书如有印装质量问题，我社营销中心负责退换

《输电线路护线工作手册》
编　委　会

主　　编　贾雷亮　郝向军

编写人员　梁前晟　张　进　宰红斌　董彦武

　　　　　　　李岩松　张树林　申卫华

前　言

　　输电线路的可靠运行直接关系到电网安全，影响工农业生产及居民生活用电。长期以来的实践表明，外力破坏是威胁输电线路安全运行最普遍、最严重的风险因素。全国各地的群众护线员为防止输电线路遭受外力破坏，保证输电线路和电网的安全稳定运行，作出了不懈的努力和巨大的贡献。

　　大多数群众护线员一般都是经过相关运行维护单位短暂培训后即投身于输电线路保护工作，对输电线路的基本知识、线路通道要求及安全隐患辨识等缺乏系统的了解，难以及时发现和处理一些较隐蔽的安全隐患。为进一步提高群众护线员的综合素质，有序推进群众护线工作，切实保障电网安全，我们组织有关人员编写了本书。

　　在本书编写过程中，查阅、收集、整理了许多运行维护单位的运行资料和文献资料，力求以图文并茂、通俗易懂的方式详细介绍群众护线员的职责、意义、输电线路基本理论及护线工作要求等主要知识，供广大群众护线员参考学习。

　　由于编者水平有限，书中难免有不妥之处，欢迎广大读者批评指正。

编　者

2012 年 9 月

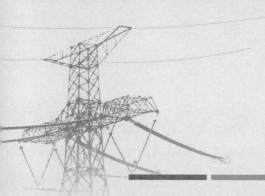

目 录

前言

第一章 概述 ·································· 1

　　一、群众护线员的作用 ······················ 1

　　二、群众护线员的选用和配置 ················ 2

　　三、群众护线员的职责 ···················· 3

第二章 输电线路基本知识 ···················· 5

　　第一节 杆塔 ·························· 6

　　　　一、铁塔 ························ 7

　　　　二、钢筋混凝土电杆 ·············· 7

　　　　三、杆塔类型 ···················· 8

　　　　四、各电压等级线路主要杆塔类型 ······ 15

　　第二节 导线 ·························· 19

　　　　一、单导线线路 ·················· 19

　　　　二、双分裂导线线路 ·············· 19

　　　　三、三分裂导线线路 ·············· 20

　　　　四、四分裂导线线路 ·············· 20

　　　　五、六分裂导线线路 ·············· 21

　　　　六、八分裂导线线路 ·············· 21

　　第三节 架空避雷线 ···················· 21

　　　　一、普通避雷线 ·················· 22

　　　　二、OPGW复合光缆及铝包钢绞线 ······ 22

　　第四节 绝缘子 ························ 23

一、瓷悬式绝缘子 •••••••••••••••••••••••••••••••••• 23

二、玻璃悬式绝缘子 •••••••••••••••••••••••••••••• 24

三、复合绝缘子 •••••••••••••••••••••••••••••••••••• 24

四、瓷棒型绝缘子 •••••••••••••••••••••••••••••••••• 25

五、半导体釉绝缘子 •••••••••••••••••••••••••••••• 26

六、空气动力型绝缘子 •••••••••••••••••••••••••••• 26

第五节 金具 •• 27

一、悬垂线夹 •••••••••••••••••••••••••••••••••••••• 27

二、耐张线夹 •••••••••••••••••••••••••••••••••••••• 28

三、连接金具 •••••••••••••••••••••••••••••••••••••• 28

四、接续金具 •••••••••••••••••••••••••••••••••••••• 30

五、保护金具 •••••••••••••••••••••••••••••••••••••• 31

六、拉线金具 •••••••••••••••••••••••••••••••••••••• 34

第六节 基础 •• 34

一、铁塔基础 •••••••••••••••••••••••••••••••••••••• 35

二、钢筋混凝土电杆基础 •••••••••••••••••••••••••• 36

第七节 接地装置 •••••••••••••••••••••••••••••••••••• 36

第八节 附属设施 •••••••••••••••••••••••••••••••••••• 37

一、在线监测装置 •••••••••••••••••••••••••••••••••• 37

二、杆号牌 •• 38

三、警示标志 •••••••••••••••••••••••••••••••••••••• 38

四、ADSS 光缆 •••••••••••••••••••••••••••••••••••• 39

第三章 护线巡视主要内容 •••••••••••••••••••••••• 40

第一节 本体巡视 •••••••••••••••••••••••••••••••••••• 40

一、杆塔部分 •••••••••••••••••••••••••••••••••••••• 40

二、导、地线部分 •••••••••••••••••••••••••••••••••• 45

三、绝缘子、金具 •••••••••••••••••••••••••••••••••• 47

四、基础和接地装置 •••••••••••••••••••••••••••••••• 52

五、附属设施 •••••••••••••••••••••••••••••••••••••• 55

第二节　输电线路保护区的防护 ·················· 58

一、开山爆破的防护措施 ················· 58

二、线路保护区内树木、栽树的防护措施 ········· 59

三、线路附近施工作业的防护措施 ·········· 61

四、架设其他线路、光缆的防护措施 ········· 61

五、修建建筑物、构筑物的防护措施 ········· 64

六、边坡坍塌的防护措施 ················· 68

第四章　特殊巡视 ·························· 69

第一节　特殊季节巡视 ·················· 69

一、春季 ······························· 69

二、夏季 ······························· 72

三、秋季 ······························· 75

四、冬季 ······························· 77

第二节　特殊天气巡视 ·················· 78

一、大雾、毛毛雨 ····················· 78

二、雨夹雪、冻雨 ····················· 79

三、大风 ······························· 81

四、暴雨 ······························· 82

第五章　外力破坏故障巡视及案例 ·········· 83

第一节　外力破坏故障具体巡查方法与内容 ····· 84

第二节　外力破坏故障案例 ·········· 85

第六章　巡视安全注意事项 ·········· 95

一、巡视前的准备工作 ·········· 95

二、巡视过程中的注意事项 ·········· 96

三、安全防范措施 ·········· 97

附录A　中华人民共和国电力法 ·········· 99

附录B　电力设施保护条例 ············ 111

附录C　紧急救护法 ················· 119

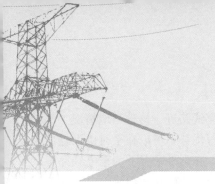

第一章

概　述

　　输电线路是电力系统的重要组成部分，承担输送电能的任务。输电线路的安全稳定运行直接关系到国民经济发展和城乡人民生活，其重要性不言而喻。按结构形式不同，输电线路可分为架空输电线路和电力电缆线路。电力电缆的运行维护具有较强的专业性，一般不适于群众护线的模式，本手册所介绍内容主要以架空输电线路为主。架空输电线路（简称输电线路）路径复杂、运行环境恶劣，有的位于城市、村镇、工矿区、乡村等人口密集区，有的位于林区、草原、山区、戈壁等人口稀少区，长期暴露于野外，极易遭受盗窃、碰线等外力破坏和雷击、风偏等自然破坏，导致供电中断。因此，防止输电线路遭受破坏，确保电网安全可靠供电，是输电线路运行维护单位及群众护线员最主要的职责。

一、群众护线员的作用

　　随着我国电网建设的快速发展和"三华"（华北、华中、华东）同步电网的建设，输电线路规模逐年加大，运行压力与日俱增，运行维护单位专业人员不足的矛盾日益突出。加之我国经济快速发展，铁路、公路、管线、工业民用建筑等各类可能引发外力破坏的基本建设范围越来越大，仅靠输电线路专业运行维护人员保证输电线路安全可靠运行已显得力不从心，聘请群众护线员成为解决专业人员不足矛盾、缓解输电运行维护单位压力的有效办法。

群众护线员具有分布广、距离线路近、熟悉当地情况、了解输电线路所处地形和运行环境等优势，可以在平时协助输电线路运行维护单位做好运维工作，在意外情况下为输电线路运行维护单位提供信息，对及时制止外力破坏、消除输电线路安全隐患有积极的作用。

二、 群众护线员的选用和配置

（一）群众护线员需要具备的条件

（1）身体条件好。护线员需要经常沿线路巡视，必须有较好的身体素质。对于一般地形，护线员年龄应在 60 周岁以下，20 周岁以上；对于山区线路，护线员年龄应在 50 周岁以下，20 周岁以上。

（2）线路附近居住。护线员一般为兼职，其居住、工作地点尽量靠近所负责巡视的输电线路，才能方便巡视。应优先选用输电线路附近的当地农电工和护林员，确保在遇到线路故障、恶劣气象等特殊情况时，能立即赶到事发现场，掌握并报告第一手信息。

（3）具有一定的文化知识和语言表达能力。护线员需要记录和汇报所巡视线路的信息，而且还要承担一部分电力设施保护宣传职责，因此一般应具有初中以上文化程度，能简要记录各种巡视信息，阅读和宣传电力设施保护知识。

（4）具有较好的群众基础。护线员需要及时掌握沿线可能出现的建筑、施工、堆物、植树等各种可能危及输电线路安全的情况，以便提前汇报和采取措施，因此应具有一定的沟通协调能力，避免在制止危及线路安全的行为时发生冲突，引起人身伤害等后果。

（5）具有一定的安全知识。线路巡视路径复杂，在巡视过程中遇到雷雨、风暴等恶劣天气，或出现摔伤、蛇咬、蜂蛰等突发情况，应能够实现自救；遇到不良地形、地貌时（如高山大岭、丛林、沙漠、雪原、溪流、峡谷、河网、沼泽、矿区等）能准确判断，正确行进。

（6）具有一定的学习能力。通过培训，能掌握输电线路基本知识，熟悉维护线路的名称、杆号、电压等级，以及维护线路的区域范围。

（7）具有良好通信联络方式。通信联络方式一般有两种：一种是护线员自有的电话、手机等通信设备，运行维护单位可以给予一定的补贴，方便其汇报、联络；另一种是当地没有通信信号及通信线路时，运行维护单位应提供通信设备或简单交通工具。

（二）护线员的配置

应结合当地地形情况、线路回数等综合测定，一般情况下每 3～5km 聘请一名护线员为宜。护线范围宜以村、镇界为划分点，平行或交叉线路较多、地形复杂时应适当增设群众护线员。

三、群众护线员的职责

群众护线员与输电线路运行维护单位签订护线协议或达成护线约定，并经过一定的专业技能培训，按要求完成约定的工作，承担以下职责：

（1）根据与输电线路运行维护单位的约定，按时、保质保量完成护线任务。

（2）熟知自己维护的线路名称及范围，熟悉维护输电线路的运行状况、沿线环境地形特点等，并能自觉根据环境变化，及时对维护线路进行巡视。

（3）及时发现明显的设备缺陷及线路隐患。

（4）保持信息畅通，确保通信工具随时处于可用状态。

（5）及时汇报危及输电线路安全运行的隐患，以不引起冲突为前提坚决制止危及线路安全运行的行为。

（6）发现影响线路安全运行的异常、隐患时，应做好现场资料、原始资料的收集和保管工作。

（7）了解输电线路相关运行规程、《中华人民共和国电力法》《电力设施保护条例》等相关知识，向沿线居民宣传电力设施保护知识。

第二章

输电线路基本知识

输电线路是电力系统的一部分，电力系统一般由发电厂、输电线路、变电站、配电设备、用户五部分组成，如图 2-1 所示。

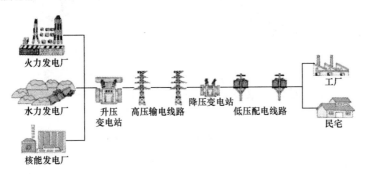

图 2-1　电力系统组成

输电线路是电力系统的重要组成部分，电能只有通过输电线路才能实现远距离输送，到达各级变电站和负荷中心，并逐步输送到用户设备，如家用电器、电灯、电动机、水泵等。按电能类型不同，输电线路可分为交流输电线路和直流输电线路。

（1）交流输电线路电压一般分为高压、超高压和特高压。我国交流输电线路电压目前主要有 66，110，220，330，500，750kV 和 1000kV 7 个电压等级。其中 66kV 输电线路主要分布于我国的东北地区，330kV 和 750kV 输电线路主要分布于我国的西北地区。

（2）直流输电线路电压一般分为高压和特高压。我国直流输电线路电压目前主要有±50，±100，±400，±500，±600，±660kV和±800kV 7个电压等级。

输电线路主要由基础、杆塔、导线、避雷线、绝缘子、金具、接地装置及在线监测装置附件等部件组成，如图 2-2 所示。

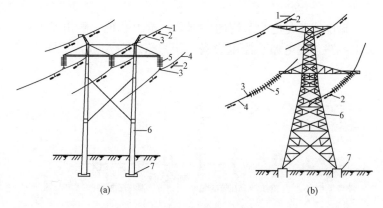

图 2-2　输电线路的主要部件

（a）电杆；（b）铁塔

1—避雷线；2—防振锤；3—线夹；4—导线；5—绝缘子；6—杆塔；7—基础

第一节　杆　塔

杆塔是钢筋混凝土电杆（俗称水泥杆）与铁塔的总称，用来支持导线、避雷线及其附件，以保证导线与导线、导线与地线、导线与地面或交叉跨越物之间有足够的安全距离。

杆塔按作用及受力不同可分为承力杆塔和直线杆塔两种。承力杆塔又可分为耐张杆塔、转角杆塔、终端杆塔、分歧杆塔及耐张换位杆塔等，在正常情况下承受导线的张力，在断线时承受断线拉力；直线杆塔有普通直线杆塔、换位直线杆塔和跨越直线杆塔等，用于承受导线垂直和水平荷载。

一、铁塔

铁塔（见图2-3）一般以角钢或钢管组合而成。其优点是占用土地面积少，整齐美观，稳定性好，高度高，使用年限较长；缺点是耗用的钢材比较多，线路投资高，容易锈蚀，运行维护工作量大。

(a)　　　　　　　　　　(b)

图2-3　铁塔

(a) 角钢铁塔；(b) 钢管铁塔

二、钢筋混凝土电杆

钢筋混凝土电杆（见图2-4）的优点是具有一定的耐腐蚀性，维护工作量较小，与铁塔相比钢材消耗少，可降低线路的总造价。缺点是构件质量较重，施工运输较为困难；安装及运行容易出现裂纹，影响其强度；稳定性较差，带拉线的水泥杆占地面积大。钢筋混凝土电杆按形状分为等径和锥形两种：等径杆通体直径相同，一般用在电压等级较高的线路上；锥形杆下粗上细，一般用在电压等级较低的线路上。

图 2-4　钢筋混凝土电杆

三、 杆塔类型

1. 直线杆塔

直线杆塔（见图 2-5）用在两基耐张杆塔之间，以垂直的方式悬挂导、地线，主要承受导、地线自重或覆冰等垂直荷载，以及风压及线路方向的不平衡拉力。

(a)　　　　　　　　　　(b)

图 2-5　直线杆塔

(a) 直线电杆；(b) 直线铁塔

2. 直线转角杆塔

直线转角杆塔（见图 2-6）在线路转角度数较小（一般在 10°以下）时使用，也有将直线杆塔作为直线转角杆塔使用的。

3. 耐张杆塔

耐张杆塔（见图 2-7）的作用是能将线路分段，限制事故范围，便于施工检修。耐张杆塔一般比直线杆塔要大，需要承受更大的力量。

图 2-6　直线转角杆塔　　　　图 2-7　耐张杆塔

4. 转角杆塔

转角杆塔（见图 2-8）是耐张杆塔的一种，用于线路改变走向时，除承受耐张杆塔承受的荷载外，还承受导地线转角形成的合力。根据其转角度数的不同，一般分为 30°、60°和 90° 3 种。新的典型设计进一步细化为 20°、40°、60°和 90° 4 种。

5. 终端杆塔

终端杆塔（见图 2-9）一般用于线路的末端，在正常情况下承受导线的不平衡拉力。如变电站、发电厂端的终端杆塔，一侧与输电线路连接，一侧与变电站或发电厂设备连接，单侧

图 2-8　转角杆塔

 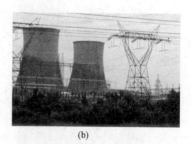

(a)　　　　　　　　　　　(b)

图 2-9　终端杆塔

（a）变电站终端杆塔；（b）发电厂终端杆塔

承受很大的导线张力，另一侧几乎不承受张力。

6. 分歧杆塔

分歧杆塔（见图 2-10）是用于将一条线路分为两条线路的杆塔，即所谓的 T 接线路，将一个电源点的电能通过一条线路输送到两个不同的受电端，承受的不平衡张力较大。

7. 跨越杆塔

跨越杆塔（见图 2-11）用于跨越较大的江河、峡谷及其他电力线路等，高度较高，档距较长。

图 2-10　分歧杆塔　　　　　　　　图 2-11　跨越杆塔

8. 换位杆塔

为消除三相不平衡电流及谐波影响，较长线路在中间可能要变换各相导线的排列方式，此时需用换位杆塔。常见的换位杆塔有耐张换位杆塔和直线换位杆塔（见图 2-12）。

(a)　　　　　　　　　　　　　　　(b)

图 2-12　换位杆塔

(a) 耐张换位杆塔；(b) 直线换位杆塔

9. 拉线杆塔和自立式杆塔

根据杆塔是否带拉线可分为拉线杆塔和自立式杆塔（见图

2-13）。拉线可以承受较大风载荷及断线载荷，这样可以减轻杆塔的结构，节省原材料。拉线非常重要，一旦丢失可能引起倒杆、倒塔。

(a)   (b)

图 2-13 杆塔
(a) 拉线杆塔；(b) 自立式杆塔

10. 钢管杆、四管塔等

杆塔按使用材料不同一般可分为铁塔（钢管塔）、钢筋混凝土电杆，此外还有钢管杆、薄壁离心混凝土钢杆、四管塔等（见图 2-14）。

（1）钢管杆由钢板冷压成型，每段长 2～12m，多采用套接式接头，即钢管上段套接在钢管下段上，一般通过法兰盘、地脚螺栓与基础连接。这种杆塔具有占地面积小和导线占具空间小的优点，但其投资高、跨越档距小，一般只在城乡等空间狭小的地方使用。

（2）薄壁离心混凝土钢杆是在钢管内用离心法填充一层厚度为 20～50mm（也可大于 50mm）的 C40 强度等级以上的混凝土，凝固成型的空心钢管混凝土结构。这是介于钢管杆和钢筋混凝土电杆之间的复合结构，不仅可以充分发挥钢和混凝土这两种材料的优点，而且还可以克服它们在各自单独使用时的

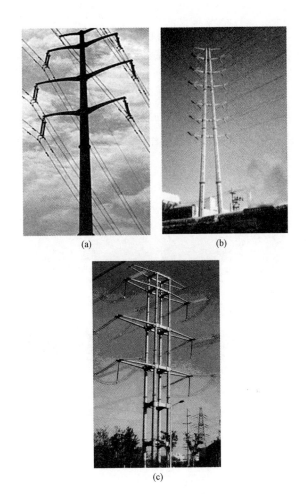

图 2-14 不同材质的杆塔
(a) 钢管杆；(b) 薄壁离心混凝土钢杆；(c) 四管塔

弱点。

（3）四管塔塔体由 4 根无缝钢管做主杆，斜、横连杆通过连接筋板与主杆相连接。主杆无缝钢管一般分成 5~6m 一段，每段之间用外法兰连接，以便于运输、安装，主要用于电压等级高、回路数多、强度要求大的输电线路。四管塔与角钢塔相比主要有强度大、稳定性好等优点，但钢管的使用也存在钢管型材规格品种有限、价格高等缺点，同时钢管间连接的节点构造复杂，加工生产效率低。

11. 单回路杆塔、双回路杆塔和多回路杆塔

杆塔按架线的回路数不同可分为单回路杆塔、双回路杆塔和多回路杆塔（见图2-15）。单回路杆塔具有结构简单、施

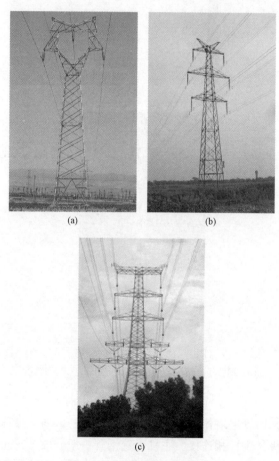

(a)　　　　　　　　　　(b)

(c)

图2-15　不同架线回数的杆塔

（a）单回路杆塔；（b）双回路杆塔；（c）多回路杆塔

工方便、运行维护简便的优点，但前期投资大。双回路杆塔和多回路杆虽然一次性投资大，但相对每条线路而言还是节省的，并且占地小、输送能量大；缺点是不利于运行维护和检修。

四、各电压等级线路主要杆塔类型

（1）110kV 线路主要杆塔类型。20 世纪 110kV 输电线路主要以钢筋混凝土电杆为主，钢筋混凝土电杆具有造价低、建设周期短、运行维护简单等优点；缺点是运输困难，带拉线的钢筋混凝土电杆受到破坏容易发生倒杆事故。进入 21 世纪以来，110kV 输电线路普遍采用了铁塔。

110kV 输电线路常用的杆塔类型如图 2 - 16 所示。

（2）220kV 线路主要杆塔类型如图 2 - 17 所示。

（3）500kV 线路主要杆塔类型如图 2 - 18 所示。

（4）1000kV 线路主要杆塔类型如图 2 - 19 所示。

(a)　　　　　　　　　(b)

图 2 - 16　110kV 输电线路常用杆塔类型（一）

（a）耐张铁塔；（b）耐张钢筋混凝土电杆

图 2-16　110kV 输电线路常用杆塔类型（二）

（c）直线钢筋混凝土电杆；（d）直线铁塔

图 2-17　220kV 线路主要杆塔类型（一）

（a）跨越铁塔；（b）钢管电杆

(c)　　　　　　　　　　　(d)

图 2-17　220kV 线路主要杆塔类型（二）

（c）耐张铁塔；（d）直线铁塔

(a)　　　　　　　　　　　(b)

图 2-18　500kV 线路主要杆塔类型（一）

（a）紧凑型线路直线塔；（b）耐张塔

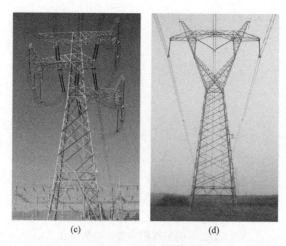

(c)　　　　　　　　　(d)

图 2 - 18　500kV 线路主要杆塔类型（二）

（c）紧凑型线路耐张塔；（d）直线塔

(a)　　　　　　　　　(b)

图 2 - 19　1000kV 线路主要杆塔类型（一）

（a）直线塔；（b）耐张塔

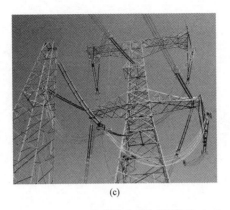

(c)

图 2-19　1000kV 线路主要杆塔类型（二）

(c) 换位塔

第二节　导　　线

　　导线是架空输电线路的主要组成部分，其作用是传导电能。架空线路导线按导线分裂方式分为单导线、双分裂导线、三分裂导线、四分裂导线、六分裂导线、八分裂导线；按导线材质分为钢芯铝绞线、铝合金导线、碳纤维导线、铝绞线、铜绞线等，其中最常用的是钢芯铝绞线。

一、单导线线路

　　单导线线路（见图 2-20）每相为一根导线，一般用于110kV 及以下电压等级的线路。

二、双分裂导线线路

　　双分裂导线线路（见图 2-21）每相由两根导线组成，一般用于220kV 线路。分裂方式有两种形式：一种是两根导线水平排列，中间每隔一定距离用间隔棒支撑，防止两根导线相互磨损；另一种是两根导线垂直排列，中间没有间隔棒。

图 2-20　单导线线路　　　　　图 2-21　双分裂导线线路

三、　三分裂导线线路

三分裂导线线路（见图 2-22）一般用于 330kV 线路，分裂方式一般为倒三角形式，即上边两根导线，下边一根导线。

四、　四分裂导线线路

四分裂导线线路（见图 2-23）一般用于 500kV 线路，4 根导线组成一个正方形，中间每隔一定距离用间隔棒支撑，防止导线之间出现接触、磨损。

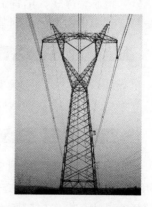

图 2-22　三分裂导线线路　　　图 2-23　四分裂导线线路

五、 六分裂导线线路

六分裂导线线路（见图 2 - 24）一般用于 500～750kV 线路，500kV 线路主要用于紧凑型线路。导线排列为正六角形，中间用间隔棒分隔。

六、 八分裂导线线路

八分裂导线线路（见图 2 - 25）一般用于 1000kV 特高压交流输电线路，8 根导线排列为正八角形，中间用间隔棒分隔。

图 2 - 24　六分裂导线线路　　　　图 2 - 25　八分裂导线线路

第三节　架空避雷线

架空避雷线（简称避雷线）架设在杆塔顶部，其主要作用是保护线路导线，降低雷击导线的几率，减少线路雷击跳闸次数，提高供电可靠性。

避雷线按材料一般分为钢绞线、铝包钢、铜包钢、OPGW复合光缆、钢芯铝绞线、铝合金绞线等类型；按架设根数分为单根避雷线、双根避雷线、三根避雷线。

一、普通避雷线

单避雷线（见图2-26）一般用于110kV及以下线路。双避雷线（见图2-27）一般用于110kV及以上线路。交流特高压线路变电站进出线档及大跨越一般采用三根避雷线。

图2-26　单避雷线线路　　　　　　图2-27　双避雷线线路

二、OPGW复合光缆及铝包钢绞线

近年来，为满足电力通信的需要，许多输电线路都架设了OPGW复合光缆，同时又将其作为地线使用。OPGW复合光缆的结构有多种形式，其中心位置一般为钢管包裹的光导纤维，用于传输通信信号；外层有铝包钢绞线结构和铝合金绞线结构两种，用于承载张力和起到避雷线的作用。

由于架设OPGW复合光缆后，对地线热稳定及短路电流提出了更高的要求，许多地段另一侧架设的普通镀锌钢绞线已不满足其热稳定及短路电流的要求，因此局部地段采用了铝包钢绞线或铜包钢绞线代替普通镀锌钢绞线。铝包钢绞线的单股线结构为在钢绞线外层包一层金属铝，用以提高线路传导电流的水平。目前局部线路也有用铜包钢绞线的。

OPGW复合光缆与杆塔的连接有两种结构形式，一种是耐张结构（见图 2-28），另一种是直线结构（见图 2-29）。

图 2-28 OPGW 光缆耐张结构

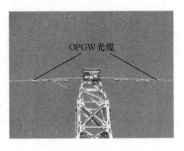

图 2-29 OPGW 光缆直线结构

第四节 绝 缘 子

　　绝缘子是输电线路绝缘的主体，其作用是悬挂导线并使导线与杆塔、地面、跨越物等保持绝缘。绝缘子不但要承受工作电压和过电压作用，同时还要承受导线的垂直荷载、水平荷载和导线张力。因此，绝缘子必须有良好的绝缘性能和机械性能。绝缘子主要有瓷悬式绝缘子、玻璃悬式绝缘子、复合绝缘子、瓷棒型绝缘子、半导体釉绝缘子、空气动力型绝缘子等，常用的为前 3 种。

一、瓷悬式绝缘子

　　瓷悬式绝缘子一般有普通瓷悬式绝缘子、双伞型瓷悬式防污绝缘子、三伞型瓷悬式防污绝缘子（见图 2-30）。瓷悬式绝缘子具有机械性能、电气性能良好，产品种类齐全，使用范围广等优点。其缺点为表面为亲水性物质，在污秽潮湿的情况下，绝缘性能会急剧下降，常产生局部电弧，严重时会发生闪络；绝缘子串或单个绝缘子的分布电压不均匀，在电场集中的部位常发生电晕，产生无线电干扰，并容易导致瓷体老化。瓷悬式绝缘子在绝缘性能严重下降，甚至完全丧失绝缘性能时也不易被发现，必须做定期检测。

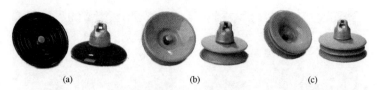

图 2-30　瓷悬式绝缘子

(a) 普通瓷悬式绝缘子；(b) 双伞型瓷悬式防污绝缘子；(c) 三伞型瓷悬式防污绝缘子

二、 玻璃悬式绝缘子

　　玻璃悬式绝缘子一般有普通型玻璃绝缘子和耐污型玻璃绝缘子两种（见图 2-31），通过增加沟槽深度来增加爬电距离。玻璃绝缘子最大的优点是低零值自爆，即当绝缘性能出现较大下降时绝缘子会发生破裂（见图 2-32），所以不需要作专门检测，在日常巡视中就能看到。缺点是零值自爆后对线路杆塔下的人员、房屋、设备构成威胁，故其只适用于人烟稀少的田野山区。另外，玻璃绝缘子受材料限制无法做成伞形结构，只能做成钟罩形，因此其自洁性能差，下雨时沟槽内的污秽无法被冲掉，影响绝缘性能。

图 2-31　玻璃绝缘子

(a) 标准型悬式玻璃绝缘子；

(b) 耐污型悬式玻璃绝缘子

图 2-32　零值自爆的玻璃绝缘子

三、 复合绝缘子

　　复合绝缘子（见图 2-33）的特点是质量轻、体积小，质量只有瓷质或玻璃绝缘子的 10%～15%，方便安装、更换和运输。复合绝缘子属于棒形结构，内外极间距离几乎相等，一般不会发生内部绝缘击穿，也不需要进行低零值检测。其最大的优点是复合材料表面具有很强的憎水性及憎水迁移性，防污效果好，不需要清扫，大大降低了劳动强度。缺点是复合材料易老化，使用寿命较短，一般在 10 年左右；抗弯、抗扭性能差，承受较大横向压力时，容易发生脆断；伞盘强度低，不允许踩踏、碰撞；积污不易清扫，长期运行会逐步丧失憎水性。

图 2-33　复合绝缘子

四、瓷棒型绝缘子

　　瓷棒型绝缘子（见图 2-34）是在总结悬式绝缘子优缺点的基础上，由双层伞实心绝缘子发展而来的，它继承了瓷的电稳定性，消除了盘型悬式瓷绝缘子头部击穿距离远小于空气闪络距离的缺点，同时也改变了头部应力复杂的帽脚式结构。瓷棒型绝缘子有良好的耐污和自洁性能，在同等长度和污秽条件下，其电气强度较瓷质盘型绝缘子高 10%～25%；由于绝缘

图 2-34 瓷棒型绝缘子

子伞盘间无金具连接，相比盘型绝缘子串，在绝缘部分等长情况下，相当于增加 20% 的爬距。瓷棒型绝缘子是一种不可击穿结构，避免了瓷质绝缘子发生钢帽炸裂而出现的掉串事故。瓷棒型绝缘子使无线电干扰水平改善，不存在零值或低值绝缘子问题，从而省去了对绝缘子的检测、维护和更换工作。由于安装了节间保护环，使其串长增加，可增大塔窗距离。

五、半导体釉绝缘子

半导体釉绝缘子是一种新型绝缘子，在绝缘子外层包含半导体釉。这种半导体釉的功率损耗使表面温度比环境温度高，从而在潮湿与严重污秽环境中可以及时将表面烘干，提高污秽绝缘子在潮湿环境下的工频绝缘强度。

六、空气动力型绝缘子

空气动力型绝缘子，一般有瓷和玻璃两种（见图 2-35），它是伞盘较大的流线型绝缘子，安装在横担下第一片绝缘子位置，可以防止冰闪及鸟粪污闪。

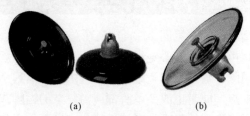

(a)   (b)

图 2-35　空气动力型绝缘子

(a) 瓷绝缘子；(b) 玻璃绝缘子

第五节　金　具

将杆塔、绝缘子、导线、避雷线及其他电气设备按照设计要求，连接组装成完整的送电体系而使用的金属零件，统称为金具。金具按其性能和用途不同，一般分为悬垂线夹、耐张线夹、连接金具、接续金具、保护金具和拉线金具六大类。

一、悬垂线夹

悬垂线夹又称支持金具或悬吊金具，主要用来悬挂导线（跳线）于绝缘子串上和悬挂地线于横担上，其主要类型有中心回转式、下垂式、上扛式、悬扛通用式和双导线用悬垂线夹（见图2-36）。悬垂线夹在输电线路中的安装位置如图2-37所示。

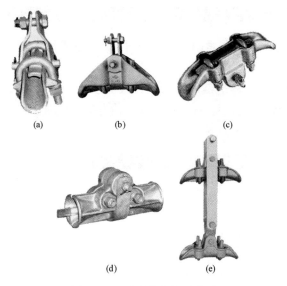

(a)　　　　　　(b)　　　　　　(c)

(d)　　　　　　(e)

图2-36　悬垂线夹主要类型

（a）中心回转式；（b）下垂式；（c）上扛式；（d）悬扛通用式；

（e）双导线用悬垂线夹

图 2-37　悬垂线夹在输电线路中的安装位置

二、耐张线夹

耐张线夹又称紧固金具或锚固金具，主要用于将导线和避雷线终端固定在承力杆塔上，或将拉线固定在杆塔及地锚上。耐张线夹承担着导线、地线、拉线的全部张力，主要有螺栓型、压缩型、楔型、张力预绞丝 4 种类型（见图 2-38）。耐张线夹的安装位置如图 2-39 所示。

三、连接金具

连接金具分专用连接金具和通用连接金具两类。专用连接金具是直接用来连接绝缘子的，故其连接部位的结构尺寸和绝缘子相配合，如球头挂环、碗头挂板等（见图 2-40）。专用连接金具在线路上的位置如图 2-41 所示。

通用连接金具是将绝缘子与杆塔横担或与线夹之间连接起来，或将绝缘子组成两串、三串及多串，也用来将避雷线固定或悬挂在杆塔上及将拉线固定在杆塔上等。根据用途不同，通用连接金具有 U 型环、U 型螺栓、U 型挂板、U 型拉板、直

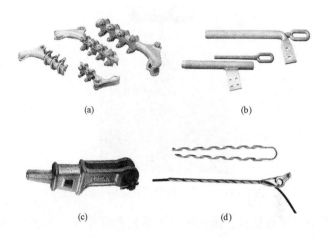

图 2-38 耐张线夹主要类型

（a）螺栓型；（b）压缩型；（c）楔型；（d）张力预绞丝

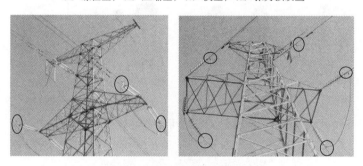

图 2-39 耐张线夹的安装位置

图 2-40 专用连接金具

（a）球头挂环；（b）双联碗头挂板；（c）单联碗头挂板

图 2-41 专用连接金具在线路上的位置

角挂板、平行挂板、延长环、调整板和联板等（见图 2-42）。
通用连接金具在输电线路中的安装位置如图 2-43 所示。

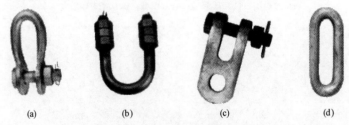

图 2-42 通用连接金具
（a）U 型环；（b）U 型螺栓；（c）直角挂环；（d）延长环

图 2-43 通用连接金具在输电线路中的安装位置
1—U 型环；2—延长环；3—绝缘子；4—耐张线夹

四、 接续金具

接续金具用于接续导线及避雷线，接续耐张跳线及修补损伤的导线及避雷线。常用的线路接续金具有并沟线夹、接续管、补修管、T型线夹及导线和地线接续条等（见图2-44）。常见并沟线夹有铝并沟线夹和钢并沟线夹；常见接续管有搭接型接续管和对接型接续管；常见T型线夹有螺栓型T型线夹和压接型T型线夹。

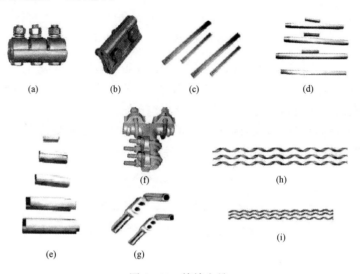

图2-44　接续金具

(a) 铝并沟线夹；(b) 钢并沟线夹；(c) 搭接型接续管；(d) 对接型接续管；(e) 补修管；(f) 螺栓型T型线夹；(g) 压接型T型线夹；(h) 导线接续条；(i) 地线接续条

五、保护金具

保护金具用于保护导线、避雷线、绝缘子，使之不受损伤和正常运行。常用的保护金具有防振锤、预绞丝护线条和预绞丝补修条、间隔棒、均压屏蔽环、铝包带和重锤等。

（1）防振锤用于抑制架空输电线路的微风振动，保护线夹出口处的架空线不疲劳破坏。常用防振锤如图2-45所示，按形状和性能可分为司脱客型防振锤和多频防振锤。司脱客型防振锤分 FD 和 FG 两种，FD 型用于导线，FG 型用于钢绞线。多频防振锤为 FR 型。

(a)　　　　　　　　　　(b)

图 2-45　防振锤

(a) 司脱客型防振锤；(b) 多频防振锤

(2) 预绞丝护线条［见图 2-46 (a)］是用于紧缠在导线外层的高强度铝合金丝，以提高导线抗振能力，减少导线在线夹出口处的附加弯曲应力；预绞丝补修条［见图 2-46 (b)］是以铝合金预制成的富有弹性的螺旋状单丝，用于安装在导线断股在 7% 及以下的破损处，以使断股不致扩大。

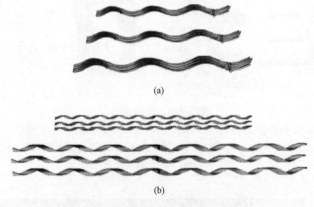

(a)

(b)

图 2-46　预绞丝护线条和预绞丝补修条

(a) 预绞丝护线条；(b) 预绞丝补修条

(3) 间隔棒（见图 2-47）主要用于二分裂及以上分裂导线。为了保证分裂子导线间距保持不变，降低表面电位梯度，以及在短路情况下，使导线线束间不致产生电磁力，造成相互吸引碰撞，在档距中相隔一定的距离安装了间隔棒。间隔棒对次导线的振荡和微风振动也有一定的抑制作用。间隔棒按安装导线的根数主要分为双分裂间隔棒、四分裂间隔棒、六分裂间隔棒和八分裂间隔棒。

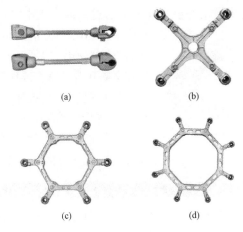

(a)　　　　　　　　　(b)

(c)　　　　　　　　　(d)

图 2 - 47　间隔棒

（a）双分裂间隔棒；（b）四分裂间隔棒；
（c）六分裂间隔棒；（d）八分裂间隔棒

（4）均压屏蔽环（见图 2 - 48）分为均压环、屏蔽环和均压屏蔽合一三种。均压环可防止靠近导线侧的端部绝缘子由于

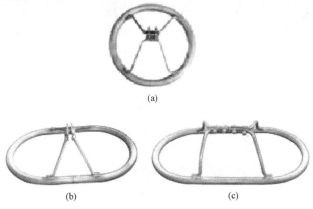

(a)

(b)　　　　　　　　　(c)

图 2 - 48　均压屏蔽环

（a）均压环；（b）屏蔽环；（c）均压屏蔽环

承受较大的电压而劣化以及其附近金具产生电晕，其作用是改善导线侧的端部绝缘子电压分布，减少端部绝缘子承受电压。屏蔽环可防止导线的金具表面电压过高而产生电晕放电，造成

图2-49 铝包带

电能损耗和无线电通信干扰，它加装在耐张绝缘子串的导线侧。常把屏蔽环和屏蔽环合一制作成均压屏蔽环。

（5）铝包带（见图2-49）用于对导线与悬垂线夹、防振锤等铁质金具接触面进行缠绕保护，以防止导线与铁质金具接触面发生磨损。

六、拉线金具

拉线金具（见图2-50）用于拉线钢绞线的固定连接，主要有拉线U型环、UT线夹、楔型线夹和延长环等。

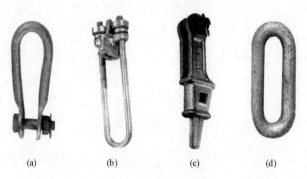

(a)   (b)   (c)   (d)

图2-50 拉线金具

（a）拉线U型环；（b）UT线夹；（c）楔型线夹；（d）延长环

第六节 基 础

杆塔基础主要用来固定和支撑杆塔，承受杆塔的压力和倾覆力。杆塔基础主要有铁塔基础和钢筋混凝土电杆基础两类。

一、铁塔基础

铁塔基础有许多种，一般分为"大开挖"基础类、掏挖扩底基础类、爆扩桩基础类、岩石锚桩基础类、钻孔灌注桩基础类、倾覆基础类、预制类装配式基础。一般最常见的是"大开挖"基础类和掏挖扩底基础类。铁塔基础一般多采用混凝土制成，典型"大开挖"基础类结构如图2-51所示。

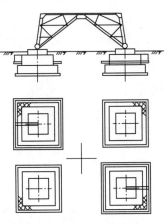

图2-51 典型"大开挖"基础类结构

铁塔基础按基础与铁塔连接方式不同，可分为地脚螺栓式基础和角钢插入式基础。地脚螺栓式基础是在现浇混凝土基础时埋设地脚螺栓，通过地脚螺栓与塔腿相连，塔腿与基础是分开的，如图2-52（a）所示。角钢插入式基础是将铁塔主材直接斜插入基础，与混凝土浇成一体，可以省去地脚螺栓、塔脚等，节约钢材，受力更加合理，如图2-52（b）所示。

（a）　　　　　　　　（b）
图2-52 铁塔基础与铁塔连接方式
（a）地脚螺栓类基础；（b）主角钢插入式基础

二、 钢筋混凝土电杆基础

钢筋混凝土电杆基础通常由地下部分钢筋混凝土电杆和三盘（底盘、拉线盘和卡盘）组成。三盘一般由钢筋混凝土预制而成，也有用天然石材制成的，如图2-53所示。

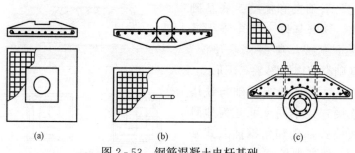

(a)　　　　　　　　(b)　　　　　　　　(c)

图2-53　钢筋混凝土电杆基础

(a) 底盘；(b) 拉线盘；(c) 卡盘

第七节　接地装置

66kV及以上线路，当避雷线遭受雷击时，必须用金属导体将雷电流导入大地。接地装置包括接地引下线和接地极，接地引下线可利用钢筋混凝土电杆内钢筋或金属杆塔本身。接地极一般是用一根或几根扁钢（圆钢）导体组成辐射状。杆塔接地装置如图2-54所示。接地极通过接地引下线与杆塔相连，

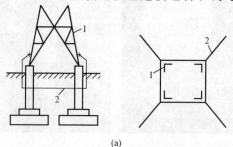

(a)

图2-54　杆塔接地装置（一）

(a) 铁塔用接地装置

如图 2-55 所示。

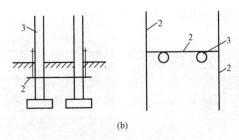

图 2-54　杆塔接地装置（二）

（b）混凝土杆用接地装置

1—铁塔；2—接地体；3—钢筋混凝土电杆

(a) (b)

图 2-55　接地引线

（a）实例 1；（b）实例 2

第八节　附 属 设 施

附属设施通常包括在线监测装置、杆号牌、警示标志、ADSS 光缆等。

一、在线监测装置

在线监测装置主要进行杆塔倾斜测量、导线测温、环境监视、气象测量等，它是一种能够实时自动采集架空输电线路运行状态及环境信息，并通过通信网络系统将信息传输到运行维护单位的装置，如图 2 - 56 所示。

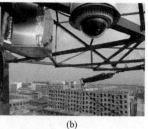

(a)   (b)

图 2 - 56   在线监测装置
(a) 实例 1；(b) 实例 2

二、杆号牌

杆号牌为标识线路名称、杆塔编号等信息的线路杆塔标志物，如图 2 - 57 所示。

(a)   (b)

图 2 - 57   杆号牌
(a) 实例 1；(b) 实例 2

三、警示标志

警示标志是一种对工作人员和接近设备人员的警示语。一般在杆号牌的背面和杆塔主材上喷涂相关警示语，也有专门的警示牌和警示碑等，内容有"高压危险禁止攀登""线路附近莫放风等""线路下方禁止植树等",如图 2-58 和图 2-59 所示。

(a)   (b)

图 2-58 在杆塔上安装的警示标志

(a) 实例 1;(b) 实例 2

四、ADSS 光缆

ADSS 光缆是用于传输输电线路保护、通信等信息的光缆,一般固定在杆塔横担的下方,如图 2-60 所示。

图 2-59 利用墙面或水泥
石碑制作的警示标志

图 2-60 输电线路上架设
的 ADSS 光缆

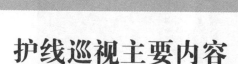

第三章

护线巡视主要内容

第一节 本 体 巡 视

一、杆塔部分

1. 钢筋混凝土电杆破损、裂纹

钢筋混凝土电杆破损、裂纹（见图3-1和图3-2）主要有化学腐蚀、年久老化、杆内进水冻胀、钢筋锈蚀膨胀、外力碰撞等原因，发现后应检查周边环境，看有无化工厂等严重污染源，有无外力碰撞的迹象，根据季节特点及破损、裂纹规律等，尽可能找出原因，以便运行维护单位采取针对性措施。

(a)   (b)

图3-1　钢筋混凝土电杆破损
(a) 实例1；(b) 实例2

图 3-2　钢筋混凝土电杆裂纹

2. 杆塔倾斜

杆塔倾斜（见图 3-3 和图 3-4）一般有采空区塌陷、地基不稳定、边坡被挖、外力碰撞等原因。

图 3-3　钢筋混凝土电杆倾斜

图 3-4　铁塔倾斜

3. 塔材锈蚀

塔材锈蚀（见图 3-5）有两种情况：一种是周围有化工厂、药厂等化学污染源，这种锈蚀情况比较明显，严重的锈蚀层会很厚，甚至锈层脱落，发展速度较快；另一种是自然锈蚀，这种锈蚀初期不太明显，只是表面发红，而且发展速度较慢。

4. 塔材被盗

由于盗窃分子作案，常常有线路杆塔的角钢、爬梯等塔材被盗，如图3-6所示。

图3-5　塔材锈蚀　　　　　　图3-6　被盗窃的铁塔

5. 塔材变形

位于路边的铁塔易受到来往车辆的碰撞，造成铁塔变形、角钢断裂、杆塔倾斜等现象，及时发现并进行抢修是很必要的，否则会发生倒杆塔事故。铁塔被汽车撞击如图3-7所示。

6. 塔材撕裂

杆塔位于采空区（地下有矿物被开采后形成的区域），地表塌陷使杆塔构件受力超过承受极限造成构件撕裂（见图3-8），也有盗窃分子拆卸塔材时人为撕裂的情况。

7. 拉线被盗

拉线杆塔的稳定主要依靠拉线维持，如果拉线被破坏，杆塔就会发生倾倒。由于拉线的组成元件均为钢材，且占地面积较大，对农耕影响较大，因此常常被盗或被人为破坏。巡视发现拉线被盗或被破坏时要立即汇报运行维护单位，有条件时还应采取临时固定措施，防止杆塔倾倒，但必须保证人身安全，不得攀登杆塔。如无法采取措施要远离杆塔及线路看守，防止有人靠近。拉线 UT 线夹被盗如图 3-9 所示，拉线棒被锯断如图 3-10 所示，拉线被锯断如图 3-11 所示。

图 3-7　铁塔被汽车撞击

图 3-8　采空区塔材撕裂

图 3-9　拉线 UT 线夹被盗

图 3-10　拉线棒被锯断

图 3-11　拉线被锯断

8. 螺栓短缺

螺栓短缺有两种情况：一种是盗窃分子的拆卸（见图3-12），这种情况一般伴随有塔材被盗，且螺栓短缺多数集中在塔身下部；另一种是多风区杆塔在风力作用下振动，造成螺栓脱落（见图3-13），这种情况的螺栓短缺一般为全塔大面积螺栓松动，用脚猛踹一下塔材会听到螺栓的晃动声。巡视人员要分析螺栓脱落的原因，采取针对性措施。

图3-12　螺栓被盗

图3-13　主材包铁螺栓振动掉落

图3-14　钢筋混凝土电杆
横担紧固螺栓松动

9. 螺栓松动

杆塔在风力的作用下会发生摆动，电杆上的紧固螺栓也会松动，如图3-14和图3-15所示。巡视时要注意观察螺栓松动情况，并建议采取螺栓紧固措施或加装防松保护设施。

10. 杆塔被埋

多数情况是由于周围施工弃土堆集在杆塔下造成杆塔被埋（见图3-16），也有山体滑坡或生活垃圾、工业垃圾倾倒等原因造成的杆塔被埋。杆塔被埋的主要危害是腐蚀杆塔构件，降低杆塔强度。如果巡视发现杆塔下堆上易燃垃圾时需要尽快报告并清理，否则一旦点燃有可能造成倒塔事故。

图 3-15　钢筋混凝土电杆
叉梁紧固螺栓松动

图 3-16　施工弃土掩埋杆塔

二、导、地线部分

1. 断线、掉线

线路断线、掉线的原因有多种，常见的有导线绕跳线受风力反复作用折断（见图 3-17），还有导线接续金具过热烧断（见图 3-18），导线接续金具质量不合格断开（见图 3-19）。

图 3-17　导线绕跳线摆动折断

图 3-18　导线绕跳线
接续金具过热烧断

2. 悬挂异物

导线或架空地线常常悬挂有异物，这些异物的特点是质量轻，容易被风吹到导、地线上，常见的异物有风筝、彩钢瓦、广告条幅、塑料大棚等（见图3-20～图3-23）；也有靠近建筑物的线路悬挂了建筑物上方的弃物。异物对线路的危害很大，可能短接线路的绝缘间隙，造成线路停电事故。

图3-19　导线接续管断开

图3-20　导线上悬挂的风筝

图3-21　风吹至导线上的铁皮

图3-22　风吹至导线上的广告色带

3. 防振锤移位、损坏、脱落

防振锤移位是由于防振锤紧固螺栓在振动中松动，固定夹握力下降，使防振锤离开了原来的位置，见图3-24。导线长期的振动也会造成导、地线防振锤上的钢绞线疲劳，锤头下斜（见图3-25）。锤头下斜又使雨水侵入锤头使锤头内的钢绞线锈蚀，进而造成锤头脱落（见图3-26）。

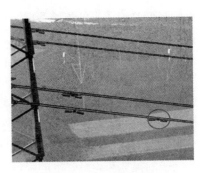

图3-23　风吹至导线上的
　　　　塑料大棚用物

图3-24　防振锤移位

图3-25　防振锤损坏

图3-26　防振锤脱落

三、绝缘子、金具

1. 玻璃绝缘子自爆

绝缘子长期暴露在风、雨、雷电等各种自然条件下，还要承受工频电压和各种过电压，不可避免地会造成一些绝缘子的绝缘效果降低，形成低值和零值绝缘子。玻璃绝缘子的特点是零值自爆，也就是一旦绝缘性能丧失，其绝缘子伞群就会炸裂，仅剩下绝缘子的钢帽和钢角残锤（见图3-27）。玻璃绝缘子自爆会

残锤

图3-27　玻璃绝缘子零值自爆

大大降低绝缘子串的绝缘强度，巡视人员一旦发现要尽快向维护单位汇报。

2. 绝缘子破损

复合绝缘子的破损主要是由于其外层复合材料老化及鸟类的啄食，个别情况下是施工或检修人员利用复合绝缘子攀爬造成损伤（见图3-28）。复合绝缘子损坏后直接影响了绝缘子的绝缘强度，其损坏部位又会受到雨水的侵蚀，进一步加剧复合绝缘子的损坏和绝缘强度的降低。巡视人员发现这类缺陷要尽快汇报给运行维护单位。玻璃绝缘子和瓷绝缘子在运行中受雷击也会产生破损，降低绝缘子串的绝缘强度，如图3-29所示。

图3-28　复合绝缘子破损　　　　图3-29　绝缘子破损

3. 绝缘子断裂、掉串

瓷绝缘子内部绝缘降低就成为低值或零值绝缘子，其钢脚、钢帽处进入水分，再遭受雷击时，内部水分被高温电弧在极短时间内加热，迅速膨胀，会将绝缘子钢帽撑破，造成绝缘子断裂、掉串事故（见图3-30）。复合绝缘子断裂一般是由于其端头密封不良，进入水分，长期受到运行电压的作用发生电腐蚀、化学腐蚀等，导致断裂（见图3-31）。巡视人员发现这类事故后，要立即汇报运行维护单位。

4. 均压环倾斜、脱落

均压环是安装在绝缘子两端的保护金具，其作用是均衡分布电压，使绝缘子不会出现局部高电压，从而保护绝缘子；同

(a)　　　　　　(b)

图 3-30　瓷绝缘子雷击断裂

(a)实例 1；(b)实例 2

时还具有招弧角的作用，即在绝缘子被击穿时，将会通过均压环形成电弧，避免绝缘子端部被灼伤。均压环在运行中由于长期受振动的作用，其紧固螺栓会松动，造成均压环倾斜或脱落，检修施工人员的碰撞也是造成均压环倾斜或脱落的一个原因。均压环倾斜或脱落（见图 3-32 和图 3-33）严重影响到端部绝缘子的电压分布，不利于绝缘子的正常运行。

图 3-31　复合绝缘子断裂

图 3-32　均压环受外力倾斜

图 3-33　均压环紧固螺栓松动脱落

5. 相间间隔棒断裂、脱落

相间间隔棒是用于控制线路相间导线距离的一种专用间隔棒，其材质与复合绝缘子相同，将其两端固定在分裂导线的专用间隔棒上，能有效防止不同相导线在风摆中距离过于接近造成的相间短路故障。运行中由于相间间隔棒受到导线摆动时产生的压力和牵引力，会发生断裂、脱落（见图 3-34）。相间间隔棒断裂、脱落后导线失去控制，在大风作用下会产生摆动造成短路故障，巡视人员发现这一缺陷要立即汇报运行单位。

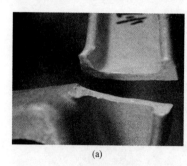 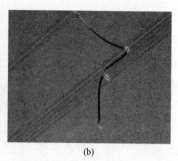

(a)　　　　　　　　　　　　　　(b)

图 3-34　相间间隔棒断裂、脱落

(a) 断裂；(b) 脱落

6. 导、地线异物

异物一般为塑料布、塑料薄膜、彩条布、锡箔纸等易被风刮起的物品。这些物品一般有两类：一类存在于砖厂、煤场、塑料大棚集中地、垃圾场、建筑工地等需要覆盖物或遮蔽物的场所，遇有大风，这些覆盖物或遮蔽物可能会被风刮起，缠绕在导、地线或杆塔上（见图 3-35）；另一类是修理厂、装饰材料市场、建筑工地等存在需要用锡箔纸等包裹的物品，拆除包装后随意丢放，遇风即随风飘荡，缠绕于线路上。当异物缠绕在导、地线上时，遇有下雨、大雾等潮湿天气，就会发生短路放电，造成线路故障。因此，应注意输电线路附近是否存在上述场所，提前做好宣传工作，发现缠绕物及时汇报运行维护单位。

(a)　　　　　　　　　　　　　　(b)

图 3-35　导、地线异物

（a）农用地膜缠绕在绝缘子上；（b）塑料大棚用物缠绕在绝缘子上

7. 绝缘子串倾斜

采空区沉陷而使地表发生位移、沉降，从而引起杆塔的位移及不均匀沉降，导致绝缘子串倾斜（见图 3-36）。线路的任何一基杆塔移位都可以使相邻的其他杆塔绝缘子串倾斜；有时由于施工放紧线不到位也会造成绝缘子串倾斜。巡视人员发现绝缘子串倾斜要认真观察，寻找倾斜的具体原因。

8. 子导线间隔棒握爪脱开

图 3-36　绝缘子串倾斜

子导线间隔棒是为了防止导线缠绕或鞭击而将导线分开的金具。在运行中导线长期受风摆的作用下，有的间隔棒握爪紧固螺栓会松动，造成隔棒握爪脱开［见图 3-37（a）］；有时子导线之间作用力过大时也会将间隔棒折断造成导线脱离［见图 3-37（b）］。

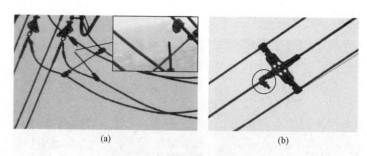

(a)   (b)

图 3-37   子导线间隔棒握爪脱开

(a) 子导线间隔棒握爪脱开；(b) 子导线间隔棒握爪折断

四、 基础和接地装置

1. 接地引下线脱开、丢失

接地引下线位于杆塔地面上，一般是 $\phi 10$mm 或 $\phi 12$mm 的圆钢，也有扁钢制作的，极易被盗割（见图 3-38）。接地引线被盗割或接地引线紧固螺栓被盗，都会使杆塔的接地电阻大幅增大，在遭受雷击时极易造成线路故障。

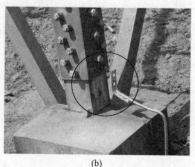

(a)   (b)

图 3-38   接地引下线脱开、丢失

(a) 接地引线被盗；(b) 接地引线紧固螺栓丢失

2. 接地网外露

接地网外露（见图 3-39）一般是由于洪水冲刷或施工开挖等原因造成的。接地网外露不仅增加了杆塔的接地电阻，降低了杆塔的防雷水平，同时也增加了接地网被盗的可能。巡视人员发现接地网外露后要及时将其重新埋于地面 0.8m 以下，并夯实回填土。

图 3-39　接地网外露

3. 基础冲刷

在雨季，当基础底面以下的土质受雨水浸泡后，承载力下降，易引起杆塔基础下沉、杆塔倾斜的现象。基础受到洪水的冲刷，会造成倒杆塔事故。位于山区的线路一般都有边坡，持续降雨会造成边坡的不稳定，引发塌方甚至泥石流，可能会引发杆塔被埋、倾倒等事故。巡视人员发现基础被洪水冲刷（见图 3-40），要立即汇报线路运行维护单位，对于有洪水冲刷痕迹的杆塔要及时修筑排水渠、防洪坝或防洪护坡。

图 3-40　基础受雨水冲刷

4. 基础回填土下沉

基础回填土在回填过程中没有夯实至原状土的程度或者基础周围受水浸泡，常常出现下沉（见图 3-41）。回填土下沉会影响基础的稳定性，发现之后一定要及时回填。

图 3-41　基础回填土下沉

5. 基础周围地表裂缝

基础位于采空区、悬崖附近、开挖施工点附近或地质不牢的区域，基础周围土壤移动造成地表裂缝（见图 3-42），这是杆塔倾斜的前兆，也能造成杆塔结构变形和塔材变形、撕裂。巡视人员发现这类情况要立即向线路运行维护单位汇报，如果是线路附近开挖地基施工造成的，要立即阻止其继续进行。

6. 基础边坡塌方

线路基础边坡由于地质不稳或受雨水浸透可能会产生边坡塌方的情况（见图 3-43）。一旦发生边坡塌方会直接造成线路倒杆断线或威胁杆塔的稳定，巡视人员要立即汇报线路运行维护单位进行抢修，以便紧急采取措施。

图 3-42　基础周围地表裂缝

图 3-43　基础边坡塌方

7. 基础浸泡

基础位于低洼的地方或受到洪水的侵蚀，会产生基础周围积水现象（见图 3-44）。基础长时间积水会造成基础回填土下沉、基础不稳或杆塔倾斜,所以要对低洼位置和排水不畅的杆塔修排水渠,保证基础不被水浸。巡视人员发现受到洪水侵蚀的杆塔要及时向运行维护单位汇报,以便尽快进行加固。

8. 保护帽破损

杆塔基础保护帽能够有效保护基础与杆塔连接的地角螺栓。保护帽破损后(见图3-45),其螺栓很容易被盗,并可能引发倒塔事故;同时破损的保护帽受到雨水的浸入,易造成地角螺栓锈蚀,导致地角螺栓失效。巡视人员发现保护帽破损后要向运行维护单位汇报以便及时修复。

图3-44 基础积水　　　　　图3-45 保护帽破损

五、附属设施

1. 标识牌脱落、破损

标识牌是线路的名称标识,也记录了线路的一些重要信息,它对线路运行和维护起着非常重要的作用。标识牌受风、雨和外力作用时会脱落、破损或丢失(见图3-46)。标识牌的短缺容易造成设备判断不清和误登带电杆塔,巡视人员发现后要及时汇报并补装。

2. 防鸟设施失效

防鸟设施一般有防鸟刺、防鸟伞、防鸟器等,由于长期受风、雨、雷电作用,加上检修人员的碰撞、接触以及鸟类的踩塌和自身的锈蚀，会造成部分防鸟设施失效，起不到防鸟的作用。如图3-47所示，检修人员工作后没有将防鸟刺的刺针打开，使防鸟刺不能有效发挥作用，容易发生鸟害事故。巡视人员发现后要及时汇报运行维护单位尽快检修。

图3-46　标识牌脱落、破损　　　　图3-47　失效的防鸟鸟刺

3. 宣传警示标志模糊、污损

线路运行维护单位利用线路基础面、墙面和自制的混凝土面作为保护输电线路的宣传警示墙，喷写一些保护线路的知识和标语（见图3-48）。由于长期受风雨的侵蚀和人为的涂鸦，宣传警示墙会变得模糊和污损。

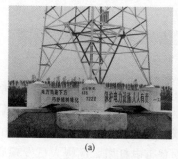

(a)　　　　　　　　　　　　　(b)

图3-48　宣传警示标志
(a) 利用桩基础的墙面作为宣传警示墙；
(b) 利用防护墩的墙面作为宣传警示墙

4. 防撞设施破损

防撞设施用来保护杆塔不受车辆碰撞，一般位于靠近公路的一侧，如图 3-49 所示。由于车辆的碰撞等原因会造成防撞设施损坏，降低其保护杆塔的能力，巡视人员发现后要及时汇报并修复。

5. ADSS 光缆掉落

ADSS 光缆是电力系统通信和保护系统的传输通道。ADSS 光缆一般架设于杆塔横担的下方，其悬挂点紧固螺栓受长期振动的影响，有可能松动脱落，导致光缆掉落至地面（见图 3-50）。掉落地面的光缆容易受到外力侵害造成电力系统通信和保护系统的中断，将严重影响到电力系统的安全稳定。巡视人员发现此类情况要立即汇报运行维护单位进行修复。

ADSS光缆掉落

图 3-49　公路边的防护墩　　　图 3-50　ADSS 光缆掉落

6. 防洪坝倒塌

防洪坝用来保护杆塔不受洪水侵害，但受洪水的长期冲刷作用可能出现破损、倒塌的情况（见图 3-51），将会影响到杆塔抵抗洪水的能力。巡视人员发现后要及时汇报运行维护单位进行修复。

图 3-51　防洪坝倒塌

第二节　输电线路保护区的防护

《中华人民共和国电力设施保护条例》（简称《电力设施保护条例》）规定：架空电力线路保护区为导线边线向外侧水平延伸并垂直于地面所形成的两平行面内的区域，在一般地区各级电压导线的边线延伸距离如下：

（1）交流 66～110kV，10m。

（2）交流 220～330kV，15m。

（3）交流 500kV，20m。

在厂矿、城镇等人口密集地区，架空电力线路保护区的区域可略小于上述规定。但各级电压导线边线延伸的距离，不应小于导线在最大计算弧垂及最大计算风偏后的水平距离和风偏后距建筑物的安全距离之和。

输电线路保护区的具体防护措施如下：

一、开山爆破的防护措施

开山爆破是为了采矿、采石、修路等而进行的爆破作业。在线路附近开山爆破（见图 3-52）产生的飞石击中导、地线就可能造成导、地线断股（见图 3-53），严重时会造成断线事故。依据《电力设施保护条例》，任何单位和个人不得在距电力设施周围500m范围内（指水平距离）进行爆破作业。巡视人员发现线路附近地区开山爆破后要立即制止并向运行维护单位汇报。

图3-52　线路附近修建采石厂或采矿场
（含有爆破作业）

图3-53　导线被飞石击伤断股

二、线路保护区内树木、栽树的防护措施

依据《电力设施保护条例》，在架空电力线路保护区内，任何单位或个人不得种植可能危及电力设施和供电安全的树木、竹子等高杆植物（见图3-54）。线路保护区内植树会造成树林与导线距离不足而引发放电事故（见图3-55），在林区还可能引发森林火灾。对于经电力部门同意种植的城市绿化用低

图 3-54 线路保护区内栽种树木

图 3-55 导线下树木导线距离不足

矮树种，巡视人员发现距离不足时应通知园林部门尽快修剪，确保树木与线路导线之间的距离符合要求。架空电力线路导线在最大弧垂或最大风偏后与树木之间的安全距离见表 3-1。

表 3-1 架空电力线路导线在最大弧垂
或最大风偏后与树木之间的安全距离

电压等级（kV）	最大风偏距离（m）	最大垂直距离（m）
35～110	3.5	4.0
154～220	4.0	4.5
330	5.0	5.5
500	7.0	7.0

三、线路附近施工作业的防护措施

依据《电力设施保护条例》，在架空电力线路保护区内不得进行取土、堆物、打桩、钻探、开挖活动，但由于有的单位和个人不了解这些规定，常常在输电线路保护区内从事上述作业（见图 3-56），严重影响到线路的安全。巡视人员发现上述行为要及时制止，并及时汇报运行维护单位。

图 3-56　线路下方开挖作业

在输电线路沿线进行施工作业容易引发碰线故障，施工机械碰线是外力破坏故障中最多的一种，因此在巡视时需要密切注意沿线的各类施工作业行为。如在线路下方筑路可能使地面升高，造成线路对地安全距离不足；在线路附近及下方堆土、堆煤，所使用的自卸车等机械可能造成碰线或碰撞杆塔事故；在线路附近及下方修建建筑，其起重机械、混凝土泵车等可能造成碰线故障（见图 3-57～图 3-61）。施工作业的初期一般距导线及杆塔较远，但随着其作业进程的发展，距离可能逐渐缩短，并最终造成线路故障，因此一定要了解和掌握其建设规模、发展方向，预见到可能出现的各类后果，及时汇报运行维护单位并提前采取防范措施。

四、架设其他线路、光缆的防护措施

架设其他线路、光缆有两种情况：一种是其他线路在输电

图 3-57　混凝土泵车违章在线路保护区内作业

图 3-58　塔吊违章在线路保护区内作业

线路下方钻越；另一种是其他线路在输电线路上方跨越。由于输电线路相对于其他线路更高，因此后者一般也是输电线路。对于钻越线路，应及时测量钻越距离，在导线的最大计算弧垂

图 3 - 59　吊车违章在线路保护区内作业（一）

图 3 - 60　吊车违章在线路保护区内作业（二）

图 3 - 61　翻斗车违章在线路保护区内作业

下，必须满足安全距离要求。同时要求施工单位采取防止发生断线、舞动等对输电线路可能造成影响的措施。对于上方跨越线路（见图 3-62），巡视人员要及时向运行维护单位汇报，同时要注意其紧放线施工对线路的安全影响，并要求施工单位向被跨越线路运行维护单位提出跨越申请，采取防止上方线路发生掉线的安全措施。

图 3-62　跨越（穿越）运行线路施工作业

五、修建建筑物、构筑物的防护措施

在线路沿线修建大棚、广告牌、简易房屋等（见图 3-63），物主一般只作简单固定，甚至不做固定，塑料布、彩钢板等遇有大风极易飘挂到导地线及杆塔上（见图 3-64），引发异物短路故障。因此巡视时要注意沿线修建的塑料大棚、广告牌、简

图 3-63　线路下方修建蔬菜大棚

(a)   (b)

图 3-64 飘挂到导、地线及杆塔上的异物

（a）广告条幅被风刮到导线上；（b）彩钢瓦房材料被风吹到导线上

易房屋等，及时发现并要求物主绑扎好易飘浮物。

依据《电力设施保护条例》，在架空电力线路保护区内禁止兴建建筑物和构筑物，但还是会有许多单位或个人在保护区内修建各类设施（见图 3-65）。在输电线路保护区内修建建筑不仅会威胁施工人员的生命安全，也会影响到今后建筑物内生活工作人员的安全。巡视人员发现线路保护区内违章修建建筑物要及时制止，制止不了的要及时汇报。

图 3-65 线路保护区内违章建房

在输电线路下修筑高速公路桥梁，其垂直配置的钢筋笼极

易与导线碰触，造成事故（见图3-66）；在杆塔附近修筑公路，来往的车辆可能会碰撞杆塔和拉线（见图3-67～图3-70）。发现以上情况巡视人员要及时制止，迅速汇报运行维护单位。

图3-66 线路保护区内建高速公路

图3-67 线路保护区内铁塔边建公路

图3-68 线路保护区内铁塔边建便道

图 3-69　线路铁塔内建公路

图 3-70　线路保护区铁塔内建便道

　　线路杆塔基础的作用是稳定杆塔,它是线路安全运行的根本。在输电线路基础附近开挖土方或开挖矿藏,势必影响线路杆塔的稳定性(见图 3-71 和图 3-72)。巡视人员发现后要立即制止,对已开挖的要及时回填并夯实,确保基础的稳定性。

图 3-71　线路保护区内违章建蓄水池

图 3-72　线路基础下方掏挖取土

　　边坡有内边坡和外边坡，外边坡坍塌会影响到杆塔的稳定性，内边坡坍塌会将杆塔构建轧坏、掩埋（见图 3-73）。巡视人员在巡视中要注意观察杆塔四周的地势及地质情况，发现边坡出现裂缝、微小坍塌要及时汇报，以便运行维护单位能及时采取措施，防止导致严重后果。

图 3-73　山体塌方

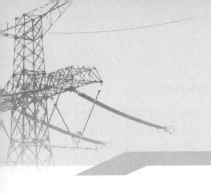

第四章

特殊巡视

第一节 特殊季节巡视

一、春季

　　春季是冬季与夏季的过渡季节，冷暖空气势力相当，而且都很活跃，因此具有气温变化幅度大、空气干燥、多大风、北方多沙尘天气、南方多阴雨天气等特点。北方春季风大天干，火险系数较高，易引发输电线路山火跳闸和异物短路；南方春季树木、竹子生长较快，鸟类在杆塔上筑巢活动现象增多，易引起输电线路树害、鸟害跳闸。春季随着气温的逐渐回升，各类工程建设相继开工，是施工碰线及线下违章建房的高发期。

　　春季巡视应重点注意以下内容：

　　(1) 输电线路导线下方树木、竹子等高大作物的生长高度和速度，近期内与导线的安全距离是否满足安全距离（参照表4-1），导线两侧的树木、竹子等是否存在风偏放电或距离不足的风险。主要树种的年生长高度及最终生长高度分别见表4-2和表4-3。

表 4-1　　　　　　　导线与树木之间的安全距离

电压（kV）	66~110	220	330	500	750
最小安全距离（m）	4	4.5	5.5	7.0	8.5

　　注　上述距离未考虑导线最大弧垂时的距离，巡视人员在实际巡视中应适当考虑增加1~2m安全距离。

表 4 - 2　　　　　　　　　　主要树种的年生长高度　　　　　　　　　　m

树种	杨柳树	油松	落叶松	桦树 山杨	苹果 梨树	枣、核桃 柿子树	其他 树种
年生长高度	1.2	0.3	0.35	0.6~0.8	—	0.3~0.35	0.5

表 4 - 3　　　　　　　　　　各种树木自然最终生长高度　　　　　　　　　　m

树种	杨树	柳树	油松	落叶松	桦树	山杨	苹果	梨树	枣树	核桃	柿子	其他
最终生长高度	30	30	15	25	20	20	8	8	15	15	15	12

（2）春季应注意山火的防范和报告。北方的春季天干物燥，极易发生山火，部分地区还有焚烧秸秆的习俗，巡视人员应积极宣传防火护林知识，并应密切关注当地火情。特别是清明前后等火险高发期，一旦发现线路附近发生火情，应立即汇报运行维护单位，并说清当时火情的发展方向、过火面积、风向、与输电线路的距离等情况，以便运行维护单位采取应对措施。

（3）春季气温回暖，是一年当中最好的施工季节，各类施工相继开工。现代化的施工现场大量使用高大机械设备，在线路附近施工作业时，极易引发外力破坏事故。巡视人员在巡视中应注意线路保护区周围是否有施工情况，如线下建房、基础周边开挖鱼塘、挖沙取土、爆破作业等，应特别注意使用大型机械的施工，如吊车、混凝土泵车、塔吊、自卸车、装载机、挖掘机、旋挖钻、钻探机、架桥机等。一旦发现，立即汇报运行维护单位，并对现场进行监控，及时制止危及线路安全运行的施工行为，待运行维护单位到达后采取应对措施。各类施工与导线的最小安全距离见表 4 - 4。

表 4 - 4　　　　　各类施工与导线的最小安全距离

导线电压（kV）	<1	1～10	35～63	110	220	330	500
最小安全距离（m）	1.5	3.0	4.0	5.0	6.0	7.0	8.5

注　主要考虑施工中所使用的吊车、混凝土泵车、塔吊、自卸车、装载机、挖掘机、旋挖钻、钻探机、架桥机等对导线的最小安全距离。

（4）春季多风，在大风气候条件下，容易发生异物飘飞至导线、绝缘子上的情况，对线路安全运行造成威胁。遇有大风天气，巡视人员应及时开展线路特殊巡视工作，注意检查线路上是否有风筝、大棚薄膜、塑料布等异物，发现线上异物，立即汇报运行维护单位，说明异物种类、在线上的位置等情况，并在现场进行监控，待运行维护单位到达后处理。

（5）北方的初春气候变化剧烈，大雾、毛毛雨、雨夹雪、冻雨等天气时有发生。巡视人员应在日常巡视中就积累并掌握沿线污源情况，出现上述天气时，注意监听污源附近线路绝缘子部位是否有异常的"嗞嗞"放电声。有条件的情况下（如杆塔所处地形易于到达），可在夜间进行观察，看绝缘子、均压环附近是否有"微光""放电"等现象（见图 4 - 1），发现异常及时汇报运行维护单位。

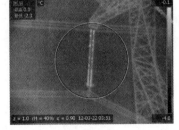

图 4 - 1　冻雨天气下绝缘子放电现象

（6）春季是大多数候鸟迁徙、筑巢的季节。南方应注意鸟类用藤类植物筑巢（见图 4 - 2），筑巢材料可能短接导线与横担，引起线路跳闸；北方易出现涉水禽类栖落在杆塔横担上排泄粪便（见图 4 - 3），当正好位于导线上方时，易造成线路鸟粪闪络。巡视人员要在日常巡视中注意掌握主要候鸟迁徙和在杆塔筑巢的规律，还应了解春季候鸟迁徙、留鸟复苏后鸟类在杆塔上的活动情况，做好记录，定期上报运行维护单位。

图 4-2　藤类鸟巢

图 4-3　鸟类在铁塔上歇息

二、夏季

　　夏季是一年中天气变化最剧烈、最复杂的时期，雷电、冰雹、暴雨、大风、洪涝、干旱、台风等各种灾害天气多发，同时也是树竹等高大植物的快速生长期，基建施工进入黄金期，输电线路安全运行面临极大的考验。

　　（1）夏季空气对流强烈，局部地区会出现飑线风现象，常常发生树枝刮断、农村瓦片飞落、庄稼刮倒、彩钢房顶破坏等情况（见图 4-4～图 4-6），发现后应及时向运行单位汇报。

图 4-4　彩钢房顶掀翻

图 4-5　彩钢板刮至导线上

图 4-6　房顶瓦片掀翻

　　（2）夏季仍为施工的黄金季节，巡视人员应持续关注线路周围施工情况，了解掌握施工趋势，如施工现场是否逐步向线路方向靠近（见图 4-7），是否动用大型机械，与杆塔、导线距离是否能满足要求等，对施工特别频繁区段应每日、每周定时向运行维护单位汇报施工情况，或告知运行维护单位由其安排专业人员进行监控。

　　（3）随着夏季气温的上升，用电高峰线路负荷增加，导线弧垂增大，对地、障碍物距离减小。同时，夏季雨水充足，树木生长加快，巡视人员要特别注意导线与跨越物（公路、铁路、线路、树木等）交叉距离，对不能肯定距离的交叉跨越点应告知运行维护单位，由运行维护单位安排专人进行测量（见图 4-8）。

图 4-7　输电线路线下施工

图 4-8　测量输电线路线导线与树木交叉距离

（4）暴雨天气，持续的降雨容易导致基础回填土下沉（见图 4-9）、回填土被冲刷（见图 4-10）、山体滑坡、临近河流杆塔防洪堤受冲刷、边坡塌陷等情况。巡视人员在雨中、雨后应注意对线路基础回填土、内外边坡、护坡、防汛设施的检查，发现异常情况及时向运行维护单位汇报；特殊巡视时要注意在保障自身安全的前提下了解灾害情况，强雷天气时注意线路方向是否有异常巨响。

图 4-9 输电线路基础回填土下沉

图 4-10 输电线路基础被冲毁，接地网外露

三、秋季

　　秋季夏季风逐步减弱，并向冬季风过渡，气旋活动频繁，锋面降水较多，气温冷暖变化较大。初秋易出现淅淅沥沥的阴雨天气；仲秋受高压天气系统的控制，易出现天高云淡、风和日丽的秋高气爽天气；深秋北方冷空气开始增多，冷与暖、晴与雨的天气转换过程频繁，气温起伏较大。秋季主要的气象灾害有台风、暴雨、低温、大雾等。秋天线下堆放秸秆、燃烧秸秆现象较多，深秋季节应注意覆冰。

　　（1）秋高气爽，植物、庄稼逐渐枯萎干燥，庄稼秋收后的秸秆较多，北方有些地方习惯堆积秸秆后就地焚烧，巡视人员应注意日常防火宣传工作。在巡视中，及时检查、清理杆塔周围杂草、秸秆、垃圾等易燃物，对线下堆积易燃物的行为及时进行制止教育；发现线路附近出现山火要立即汇报运行维护单位，并远离火场监视火情，随时汇报火势发展趋势。

（2）幼鸟经过一个夏季的生长基本成熟，秋季鸟类数量出现阶段性增多，活动频繁（见图 4-11），部分候鸟也开始迁徙，加强对鸟类活动的监控也是秋季巡视的重点工作之一。巡视人员应注意了解鸟类的活动规律、习性等，对鸟类活动特别频繁地区（水池旁边、村庄附近），可在晚上 7~8 时采取放爆竹惊鸟的方式驱赶栖息于杆塔上的鸟类，防止鸟害故障的发生。

图 4-11 线路附近出现的鸟类

（3）秋季也是盗窃线路设施行为的多发期，当发现有人对杆塔零件等进行盗窃活动时，应立即制止，必要时采取报警方式。

（4）秋季施工仍在继续，应持续注意输电线路通道及附近的施工情况。

冬季是一年中最寒冷的季节，北方受高纬度大陆季风影响，普遍干燥寒冷；南方近海，气候较为温和。北方冬季低温、多雪、多风、多雾，易出现导线覆冰、舞动、不规则摆动等情况；冬末春初融雪过程中还易发生冰闪故障。北方冬季巡视应重点观察导、地线覆冰及导线舞动情况。南方冬季少雨，是一年中主要的积污期，特别是沿海地区盐雾密度大，应注意防范污闪。

（1）低温、多雪以及冻雨会导致植物、杆塔、导/地线、绝缘子等出现覆冰、覆雪情况（见图 4-12 和图 4-13）。覆冰、覆雪导致杆塔荷载增大，严重时会发生倒塔断线事故，极大威胁线路安全运行。当发现导/地线覆冰、覆雪时注意记录覆冰、覆雪厚度，并及时汇报运行维护单位。气温回升，融冰时注意观察绝缘子部位是否有冰柱，或导线融冰是否有脱冰跳跃情况，发现以上异常应及时汇报运行维护单位。

图 4-12 线路附近植被覆冰

图 4-13 绝缘子覆冰

（2）大风情况下，特别是导/地线覆冰、覆雪时可能会出现覆冰舞动现象，尤其是气温为 $-5\sim1℃$、风力为 $8\sim12m/s$（4～6级）、导线覆冰厚度 $3\sim20mm$ 情况下，易发生导线覆冰舞动。同时导线在大风作用下，会造成对通道树木、建筑物及杆塔距离不足放电。因此在线路出现覆冰后要注意观察导/地线是否有剧烈舞动、不规则摆动情况，发现异常信息应及时汇报。强风造成导线及绝缘子串偏离如图 4 - 14 所示。

图 4 - 14　强风造成导线及绝缘子串偏离

第二节　特殊天气巡视

　　输电线路常年暴露在野外，有山区、有田野、有厂矿，覆盖面积广，自然环境变化无常，常常受到大风、大雾、雨雪、雷电等特殊气象影响，导致输电线路在运行中发生各种问题，严重影响输电线路安全可靠运行。

一、大雾、毛毛雨

　　线路绝缘子常年受到工业企业排放的烟雾、有害气体或自然界盐碱蒸汽等的侵蚀，表面沉积有大量可溶性无机盐类，如氯化钠、氯化钾、硫酸钙等。在大雾、毛毛雨或湿度大的天气条件下，绝缘子表面的污秽尘埃被润湿，表面电导和绝缘子的泄漏电流剧增，绝缘水平迅速下降，可能会使绝缘子在工作电压下发生闪络。

　　巡视人员应在大雾、毛毛雨等天气时注意观察线路绝缘子的放电情况，看是否出现了如图 4 - 1 所示的放电现象，并对比重污秽地段与一般地段线路电晕及放电情况，做好记录。若出现较强烈的电晕或放电现象，如放电声音特别强烈、局部出现电弧等，要立即汇报运行维护单位。

二、雨夹雪、冻雨

雨夹雪、冻雨易造成输电线路覆冰故障。线路覆冰主要有雾凇、混合凇、积雪覆冰三种类型，以积雪覆冰为最多。

1. 雾凇

雾凇分为软雾凇和硬雾凇两种。导线上积覆雾凇时，常常是两者并存。风携带雾中或云中的过冷却小水滴一个接一个不断与导线表面碰撞并产生雾凇。

雾凇最明显的特征是外观呈"虾尾状"或"松针状"（见图4-15），在导线或绝缘子上的粘结点小，且在迎风面生长，是冬季高寒高海拔山区输电线路最常见的一种覆冰形式。雾凇的颜色为白色，呈颗粒状结构，软雾凇的密度小于 $0.1g/cm^3$，硬雾凇的密度为 $0.1\sim0.5g/cm^3$。

图4-15　雾凇覆冰

2. 混合凇

混合凇是由导线捕获空气中的过冷却水滴并冻结而发展起来的一种覆冰形式（见图4-16）。混合凇以硬冰块的形式出现，透明或不透明。其结构为层状或板块形式，透明和不透明交替出现。混合凇粘结力相当强，密度为 $0.6\sim0.8g/cm^3$；当温度较低、风速较强时，混合凇增长迅速。

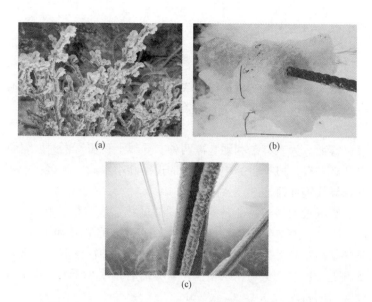

(a)   (b)

(c)

图 4 - 16　混合凇覆冰

(a) 树枝上；(b) 拉线上；(c) 导线上

3. 积雪覆冰

空气中的干雪或冰晶很难粘结到导线表面。只有当空气中的雪为"湿雪"时，导线才会出现积雪覆冰现象（见图 4 - 17）。当温度为 0℃，风速很小时，"湿雪"粒子与"水体"一起通过"毛细管"的作用相互粘结并粘附到导线表面。山区

图 4 - 17　积雪覆冰

雪片中混杂有大量的过冷却水滴，更容易粘附到导线上，形成积雪覆冰。

4. 雨凇

雨凇（见图 4-18）理论上是透明的清澈冰。大多数情况下，雨凇是由过冷却雨滴或毛毛雨滴发展起来的，即冻雨覆冰。但在云中覆冰情况下，如果空气温度高（如 $-2\sim0℃$），且过冷却水滴直径大（如 $15\sim25\mu m$），覆冰以"薄冰"形式出现，这也是雨凇。与混合凇相比，雨凇的冰是透明的，其密度接近理论上纯冰的密度，即 $0.913g/cm^3$。在实际中常将密度大于 $0.9g/cm^3$ 的冰称为雨凇。

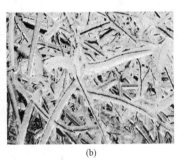

(a)　　　　　　　　　　　(b)

图 4-18　雨凇
(a) 拉线上；(b) 树枝上

三、大风

大风时应重点检查线路对地、周围建筑物、树木和对其他交叉跨越设施的距离是否足够；线路附近的蔬菜大棚、建筑工地等的易漂浮物是否固定牢固，如塑料布、彩条布、广告横幅等，敦促对方按照要求做好防止大风刮起异物的措施；发现导/地线、杆塔上有异物时立即汇报运行维护单位，并就地进行监控，待运行维护单位到达处理。

四、暴雨

暴雨天气易对杆塔基础、内外护坡造成冲刷，影响线路基础稳固，严重时会造成泥石流、山洪等情况。巡视人员应在雨后安全的前提下进行巡视，注意洪水对基础冲刷、浸泡；检查线路周边树竹、高大建筑是否有倒塌、倾斜现象；基础护坡、挡土墙有无损毁现象；基础周边是否汇集异物，影响线路安全运行；拉线是否损坏等。发现上述问题，应及时上报运行单位，特别严重时，应在有效安全距离外进行看管，等待处理。

第 五 章

外力破坏故障巡视及案例

外力破坏故障是指人们有意或无意制造的线路故障，除个别有意破坏电力设备，蓄意制造停电事故外，大量的是由于疏忽大意或对电力设施了解不够，特别是安全距离把握不准造成的。外力破坏故障多发生在公路旁、厂区内、施工现场密集的地方，容易造成永久性故障，一般不能重合成功，需要进行抢修恢复，危害性和经济损失相对较大。由于外力破坏故障的突发性、分散性，使得运行维护单位防不胜防，因此防止外力破坏故障成为输电线路运行维护单位工作的重点。

近几年，随着社会经济迅速发展，城市建设日新月异，使输电线路通道防护风险不断增大，市政工程、铁路、高速公路建设，城市道路拓宽改造，绿化植树，都有可能造成碰线事故；开山炸石、挖沙取土、蔬菜大棚建设、盗窃、线下爆破等，都有可能造成断线、杆塔倾倒、短路事故的发生。各类工程建设使用的吊车、挖掘机、推土机、塔吊等大型机械在线下作业，给线路安全运行带来极大威胁，极易造成人身伤害和财产损失。为保证输电线路的安全运行，保障沿线居民的生命安全，护线员应对输电线路加强巡视、检查，准确掌握输电线路沿线各类情况，对线路走廊内的不安全行为，要做到早发现、早劝阻、早预防。

第一节　外力破坏故障具体巡查方法与内容

外力破坏故障具体巡视方法与内容如下：

（1）护线员距离故障杆塔最近，在接到运行维护单位的通知后，应立即对所维护的线路段进行巡视检查，收集线路故障当时的气象、人员活动、机械活动等信息，第一时间报告运行维护单位，从而为专业巡查人员对可能的故障点位置及故障原因进行初步判断。

（2）护线员到达现场后，结合当日的天气情况、故障时间、怀疑区段及可能的故障类型，对周边群众、施工人员等相关人员进行走访，调查有无听到导线放电声音、看到弧光，有无大型车辆、机械在线下及周围作业等。

（3）检查线路走廊附近有无移动的大型机械、机具活动迹象，包括公路、铁路施工，超高机械穿越，市政建设、电力、供热、供水、排水管道等的挖掘、埋设、架设，植树、树木迁移等。如翻斗车装倒土石方、倾倒垃圾，吊车吊装各类施工材料、管道、器材，挖掘机挖掘土石方，推土机平整土地。

（4）检查线路保护区及周围有无施工建筑，包括：建筑位置，塔吊或龙门架的位置、数量、使用情况、是否超高等；塔吊在导线上方运转情况；房屋拆迁，吊车吊装预制板、挖掘机伸臂转移、安装各类吊装机具及脚手架；混凝土泵车在线下或越过架空线输送混凝土等。

（5）检查线路区段附近是否建设塑料大棚、有人放风筝等等。检查导线上是否挂有异物，如风筝、风筝线、塑料布、磁带条及易被风吹的锡箔纸、塑料薄膜等飘浮物。

（6）检查杆塔塔材是否有被盗、接地线丢失、拉线被剪断或被大型机械碰触、拉线棒被锯割等痕迹。

（7）检查线路通道内有无新架线路跨越或钻越施工行为，

如架设其他电力线路、通信线、光缆、管道、索道等。

（8）检查线路走廊、杆塔附近有无堆积各类杂物，特别注意木材、秸秆、废旧门窗板等易燃物有无过火痕迹，临近导线有无放电痕迹。

（9）检查线路周围的采石场、采矿场等是否进行过爆破活动，临近导/地线有无断线、断股；有无其他地质勘探等爆破行为。

第二节　外力破坏故障案例

近年来，外力破坏成为输电线路故障的主要故障类型，所占比例一直较高。下面结合事故案例，介绍一些具有代表性和典型性的外力破坏故障。

【案例1】　线下塑料大棚塑料布挂在导线上

20××年×月×日，某县城乡结合部所建的蔬菜大棚，因遮盖在大棚上的塑料布绑扎不牢固，被大风掀起，刮在110kV线路杆塔上，造成线路故障。案例相关图片如图5-1和图5-2所示。

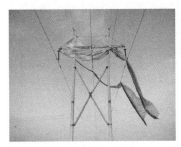

图5-1　塑料布挂在横担上

【案例2】　轨道吊车钢丝绳对导线距离不足造成线路故障

20××年×月×日，某公司在电厂扩建中，施工用的轨道吊车在吊装钢模板转位过程中，由于操作人员的过失，致使吊

图 5-2　线路下的塑料大棚

装用的钢丝绳对 110kV 线路导线距离不足，引起放电，导线被烧伤断股，轨道吊车的电缆及电源箱烧毁。案例相关图片如图 5-3～图 5-5 所示。

图 5-3　轨道吊车与线路的相对位置

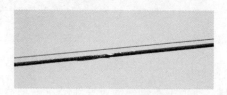

图 5-4　导线烧伤痕迹

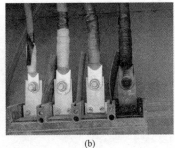

(a)　　　　　　　　　　　　(b)

图 5-5　吊车供电电缆及电源箱烧损情况

(a) 供电电源；(b) 电源箱

【案例3】　自卸车对导线距离不足造成线路故障

20××年×月×日，某公司施工中运送土方时，由于自卸车对 110kV 线路导线距离不足，致使线路放电跳闸，导线断股，自卸车 6 个轮胎被击穿。案例相关图片如图 5-6 和图 5-7 所示。

图 5-6　故障现场情况

【案例4】　铁塔基础被挖出造成倒塔

20××年×月×日，某公司在道路施工中将 110kV 线路杆塔基础挖出，致使铁塔倾覆（见图 5-8），导线掉落在 10kV 线路上（见图 5-9），导致部分区域停电。

图 5-7　放电击穿的汽车轮胎

图 5-8　铁塔倾倒

图 5 - 9　110kV 线路导线掉落在 10kV 线路上

【案例 5】　挖掘机对 220kV 导线距离不足放电故障

20××年×月×日，某公司在道路工程填方作业中，由于挖掘机对 220kV 线路导线安全距离不足，造成线路放电跳闸。案例相关图片如图 5 - 10 和图 5 - 11 所示。

图 5 - 10　[案例 5] 故障现场全景　　图 5 - 11　挖掘机放电痕迹

【案例 6】　混凝泵浆车对导线距离不足放电故障

20××年×月×日，某公司在 110kV 线路附近作业，混凝土泵车输送臂碰到导线，致使线路放电跳闸，造成车轮胎爆裂，该车电路系统和计算机系统全部烧毁。案例相关图片如图 5 - 12 和图 5 - 13 所示。

【案例 7】　塔吊对导线距离不足放电故障

20××年×月×日，某房地产有限公司项目部在施工建楼

图 5 - 12 ［案例 6］故障现场全景

(a)   (b)

图 5 - 13   被烧毁的轮胎和电路系统

(a) 轮胎；(b) 电路系统

房时，塔吊吊装材料转臂过程中，钢丝绳搭在 110kV 线路导线上，导线短路放电受损，塔吊配电箱全部烧毁。案例相关图片如图 5 - 14 和图 5 - 15 所示。

【案例 8】 吊车对导线距离不足放电故障

20××年×月××日，某园林在城市道路绿化中，使用吊车种树过程中，吊臂与 220kV 线路导线距离不足放电，导线放电灼伤，道路路面被放电烧裂，路边井盖被掀翻。案例相关图片如图 5 - 16 和图 5 - 17 所示。

【案例 9】 履带吊车对导线距离不足放电

图 5-14 ［案例 7］故障现场全景

图 5-15 塔吊钢丝绳与电线搭在一起

图 5-16 ［案例 8］故障现场全景

(a)   (b)

图 5-17 人行道路面放电烧裂、井盖掀翻

(a) 路面；(b) 井盖

20××年×月×日，某引黄工程施工部施工结束后，在转场过程中履带吊车吊臂未及时放下，对 110kV 线路导线距离不足放电。案例相关图片如图 5-18 和图 5-19 所示。

图 5-18 ［案例 9］故障现场全景

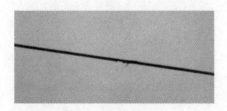

图 5-19 电线外层铝线熔断

【案例 10】 拉线被盗造成倒杆断线事故

20××年×月×日，某 110kV 线路某耐张电杆大小号侧 4 组 8 根拉线全部被盗、剪断，拉线棒被锯，造成该基电杆倒杆，两根杆均折断为 3 节，导线落地，中线外层铝股全部烧断，供电中断 42h。案例相关图片如图 5-20 和图 5-21 所示。

图 5-20 ［案例 10］故障现场全景

(a)　　　　　　　　　　　　(b)

图 5-21 被盗剪断的拉线和锯断的拉线棒

(a) 拉线；(b) 拉线棒

【案例 11】 高大建筑物倒坍轧坏线路

20××年×月×日，某座烧铝钒土的砖窑烟囱被风刮倒，将 110kV 线路的导线轧落地面，将导、地线轧断（见图 5-22），造成停电 9h 的事故。

图 5-22　烟囱倒塌轧断导、地线

第六章

巡视安全注意事项

作为群众护线员，除需掌握前述有关专业知识外，更重要的是要注意人身安全，要坚持"安全第一、预防为主"的方针；在线路巡视前要充分做好准备工作，充分考虑到各种可能遇到的突发情况和恶劣气象；巡视中要时刻注意人身安全，不能冒险作业；发现问题要妥善处理，避免引起人身伤害。

一、巡视前的准备工作

（1）巡视前要规划好巡视路径。尽可能选择安全的大路，不要贪图近路，冒险攀岩、涉水等。

（2）着装齐备。着装应利于线路巡视工作，应穿工作鞋或绝缘鞋，即使夏天也应该着长袖、长裤及方便走路的鞋袜。尤其是在山区，不要穿着拖鞋、短裤、背心等裸露皮肤的着装，避免被划伤或蛇虫叮咬，打绑腿可以有效防止蛇及其他生物对腿部的伤害。

（3）准备必要的防护用品。携带手机等必要的通信工具；距离远时，携带饮用水和干粮；山区或荆棘较多的地区线路巡视要携带手杖、砍刀等工具；雨后或雪后巡视要穿防滑鞋；巡视路径太远时，要准备手电筒等照明设备，以方便走夜路。

（4）巡视前要休息好。不要带病工作，确定巡视的前一天晚上不要熬夜和饮酒，保证充足的睡眠。

（5）携带必备的药用品。巡视前要根据季节及路径特点携带必备药用品，如防蜂蛰药，创伤药（红花油、创可贴等），防暑药（夏季带清凉油、风油精、藿香正气口服液）等；毒蛇出没之地还要携带蛇药。

（6）备好巡视记录用品。携带钢笔或签字笔，携带输电运行维护单位提供的巡视记录本或记录表格。

（7）掌握了解天气情况。线路巡视工作要在良好天气下进行，巡视前要提前收听、收看天气预报，天气不良时不要进行巡视。

二、 巡视过程中的注意事项

（1）线路巡视中，不要攀登电杆和铁塔。

（2）巡视中口渴时，不要直接饮用泉水、溪水或湖水等，最好在出发前就备好饮用水，以免因接触被污染的水源而生病。

（3）不要上下攀爬岩石和陡坡，要尽量绕行。巡视中应注意观察巡视路面，防止落入矿井等中，对自己的人身和生命造成伤害。不要趟河或从结冰河面上走过。

（4）酒精过敏的人不要服用藿香正气水、藿香正胶囊等含酒精类的药物，以免引起酒精过敏，影响线路巡视。

（5）暑天、大雪天等恶劣天气必须巡视时，要两人结伴进行。在巡视中发现有危险、危害自身安全、身体疲劳等不适情况时应立即停止巡视。

（6）通过偏僻山区、野兽活动频繁地段时要两人结伴进行，避开早、晚，携带好防护器具。

（7）遇雷雨天气时应立即停止巡视并远离线路，不要在大树下方、高大建筑物旁边躲避，避免站在山顶的突出位置，不要接打手机；做好防触电、防雷击和滑倒措施。

（8）汛期线路巡视要注意躲避有可能出现洪水、山体滑坡、泥石流、采空区沉陷等的区域。巡视时如遇障碍（河水堵截、桥梁破坏、巡线道冲毁等）应绕行或设法修复后再巡视。

（9）穿越草丛和树林时要用树棍打草惊蛇，避免被蛇咬伤。路过村庄和可能有狗的地方先吆喝，备用棍棒防止狗咬。

（10）巡视中遇大风时要在线路上风侧行进，并远离线路与杆塔。

（11）线路巡视中发现制止不了的破坏行为时，不要在现场发生争执，可向输电线路运行维护单位或公安机关汇报。

（12）参加故障（事故）巡线时应始终认为线路有电，巡视时要沿线路外侧和线路上风侧行走。在故障巡视时应特别注意人身安全，如发现导、地线断线接地时（断落地面或悬吊在空中），应站在距断线点 8m 以外的地方并看管，防止其他人靠近断线点 8m 以内，同时及时向输电线路运行维护单位汇报。

（13）进入林区不要携带打火机、火柴等火种；不要在林区吸烟，并遵守国家和当地护林防火规定。

（14）线路巡视经过不熟悉的地区时，要积极主动向当地老乡询问、了解途经地区的路径和注意事项。

（15）通过狩猎地区时一定要穿上颜色比较鲜艳的衣服和戴上橘黄色的帽子，尤其是在狩猎季节，防止被误伤。

三、 安全防范措施

（1）巡视中如遇到山火，要远距离观察，切不可靠近火场，并注意从上风侧行走，防止被火围困。

（2）遇有线路保护区内的违章作业需要立即制止时，应注意方式、态度，避免发生口角或肢体冲突。对方确实蛮不讲理时，应一方面注意违章行为的发展，另一方面及时汇报运行维护单位，由运行维护单位出面解决。

（3）巡视中遇到野猪、狼、熊、豹等大型野生动物时，要保持镇定不要惊慌，不要大声叫喊和乱跑。一般情况下动物不会主动攻击人类。要正视动物，等待动物离去后，再行巡视。

（4）巡视中遇到蛇后，不要惊慌，要远离并绕行。如不幸被毒蛇咬伤（无法区分时，是否是毒蛇都应当按有毒处理），除紧急处理外，要保持镇静并迅速求救。

（5）发现蜂巢应绕行，遇蜂群时不要惊慌，不要驱赶、扑打，不要转身快速奔逃。应缓缓离去，并保护好头、脸等裸露部位。

（6）遇到狗咬时，不能转身奔跑，应止步并大声叫喊，等待主人出来制止。

附录 A 中华人民共和国电力法

中华人民共和国电力法

（1995 年 12 月 28 日第八届全国人民代表
大会常务委员会第十七次会议通过）

第一章 总 则

第一条 为了保障和促进电力事业的发展，维护电力投资者、经营者和使用者的合法权益，保障电力安全运行，制定本法。

第二条 本法适用于中华人民共和国境内的电力建设、生产、供应和使用活动。

第三条 电力事业应当适应国民经济和社会发展的需要，适当超前发展。国家鼓励、引导国内外的经济组织和个人依法投资开发电源，兴办电力生产企业。电力事业投资，实行谁投资、谁收益的原则。

第四条 电力设施受国家保护。禁止任何单位和个人危害电力设施安全或者非法侵占、使用电能。

第五条 电力建设、生产、供应和使用应当依法保护环境，采取新技术，减少有害物质排放，防治污染和其他公害。国家鼓励和支持利用可再生能源和清洁能源发电。

第六条 国务院电力管理部门负责全国电力事业的监督管理。国务院有关部门在各自的职责范围内负责电力事业的监督管理。县级以上地方人民政府经济综合主管部门是本行政区域内的电力管理部门，负责电力事业的监督管理。县级以上地方人民政府有关部门在各自的职责范围内负责电力事业的监督管理。

第七条　电力建设企业、电力生产企业、电网经营企业依法实行自主经营、自负盈亏，并接受电力管理部门的监督。

第八条　国家帮助和扶持少数民族地区、边远地区和贫困地区发展电力事业。

第九条　国家鼓励在电力建设、生产、供应和使用过程中，采用先进的科学技术和管理方法，对在研究、开发、采用先进的科学技术和管理方法等方面作出显著成绩的单位和个人给予奖励。

第二章　电　力　建　设

第十条　电力发展规划应当根据国民经济和社会发展的需要制定，并纳入国民经济和社会发展计划。电力发展规划，应当体现合理利用能源、电源与电网配套发展、提高经济效益和有利于环境保护的原则。

第十一条　城市电网的建设与改造规划，应当纳入城市总体规划。城市人民政府应当按照规划，安排变电设施用地、输电线路走廊和电缆通道。任何单位和个人不得非法占用变电设施用地、输电线路走廊和电缆通道。

第十二条　国家通过制定有关政策，支持、促进电力建设。地方人民政府应当根据电力发展规划，因地制宜，采取多种措施开发电源，发展电力建设。

第十三条　电力投资者对其投资形成的电力，享有法定权益。并网运行的，电力投资者有优先使用权；未并网的自备电厂，电力投资者自行支配使用。

第十四条　电力建设项目应当符合电力发展规划，符合国家电力产业政策。电力建设项目不得使用国家明令淘汰的电力设备和技术。

第十五条　输变电工程、调度通信自动化工程等电网配套工程和环境保护工程，应当与发电工程项目同时设计、同时建设、同时验收、同时投入使用。

第十六条　电力建设项目使用土地，应当依照有关法律、行政法规的规定办理；依法征用土地的，应当依法支付土地补偿费和安置补偿费，做好迁移居民的安置工作。电力建设应当贯彻切实保护耕地、节约利用土地的原则。地方人民政府对电力事业依法使用土地和迁移居民，应当予以支持和协助。

第十七条　地方人民政府应当支持电力企业为发电工程建设勘探水源和依法取水、用水。电力企业应当节约用水。

第三章　电力生产与电网管理

第十八条　电力生产与电网运行应当遵循安全、优质、经济的原则。电网运行应当连续、稳定，保证供电可靠性。

第十九条　电力企业应当加强安全生产管理，坚持安全第一、预防为主的方针，建立、健全安全生产责任制度。电力企业应当对电力设施定期进行检修和维护，保证其正常运行。

第二十条　发电燃料供应企业、运输企业和电力生产企业应当依照国务院有关规定或者合同约定供应、运输和接卸燃料。

第二十一条　电网运行实行统一调度、分级管理。任何单位和个人不得非法干预电网调度。

第二十二条　国家提倡电力生产企业与电网、电网与电网并网运行。具有独立法人资格的电力生产企业要求将生产的电力并网运行的，电网经营企业应当接受。并网运行必须符合国家标准或者电力行业标准。并网双方应当按照统一调度、分级管理和平等互利、协商一致的原则，签订并网协议，确定双方的权利和义务；并网双方达不成协议的，由省级以上电力管理部门协调决定。

第二十三条　电网调度管理办法，由国务院依照本办法的规定制定。

第四章　电力供应与使用

第二十四条　国家对电力供应和使用，实行安全用电、节约用电、计划用电的管理原则。电力供应与使用办法由国务院依照本法的规定制定。

第二十五条　供电企业在批准的供电营业区内向用户供电。供电营业区的划分，应当考虑电网的结构和供电合理性等因素。一个供电营业区内只设立一个供电营业机构。省、自治区、直辖市范围内的供电营业区的设立、变更，由供电企业提出申请，经省、自治区、直辖市人民政府电力管理部门会同同级有关部门审查批准后，由省、自治区、直辖市人民政府电力管理部门发给《供电营业许可证》。跨省、自治区、直辖市的供电营业区的设立、变更，由国务院电力管理部门审查批准并发给《供电营业许可证》。供电营业机构持《供电营业许可证》向工商行政管理部门申请领取营业执照，方可营业。

第二十六条　供电营业区内的供电营业机构，对本营业区内的用户有按照国家规定供电的义务；不得违反国家规定对其营业区内申请用电的单位和个人拒绝供电。申请新装用电、临时用电、增加用电容量、变更用电和终止用电，应当依照规定的程序办理手续。供电企业应当在其营业场所公告用电的程序、制度和收费标准，并提供用户须知资料。

第二十七条　电力供应与使用双方应当根据平等自愿、协商一致的原则，按照国务院制定的电力供应与使用办法签订供用电合同，确定双方的权利和义务。

第二十八条　供电企业应当保证供给用户的供电质量符合国家标准。对公用供电设施引起的供电质量问题，应当及时处理。用户对供电质量有特殊要求的，供电企业应当根据其必要性和电网的可能，提供相应的电力。

第二十九条　供电企业在发电、供电系统正常的情况下，应当连续向用户供电，不得中断。因供电设施检修、依法限电或者用户违法用电等原因，需要中断供电时，供电企业应当按照国家有关规定事先通知用户。用户对供电企业中断供电有异议的，可以向电力管理部门投诉；受理投诉的电力管理部门应当依法处理。

第三十条　因抢险救灾需要紧急供电时，供电企业必须尽速安排供电，所需供电工程费用和应付电费依照国家有关规定执行。

第三十一条　用户应当安装用电计量装置。用户使用的电力电量，以计量检定机构依法认可的用电计量装置的记录为准。用户受电装置的设计、施工安装和运行管理，应当符合国家标准或者电力行业标准。

第三十二条　用户用电不得危害供电、用电安全和扰乱供电、用电秩序。对危害供电、用电安全和扰乱供电、用电秩序的，供电企业有权制止。

第三十三条　供电企业应当按照国家核准的电价和用电计量装置的记录，向用户计收电费。供电企业查电人员和抄表收费人员进入用户，进行用电安全检查或者抄表收费时，应当出示有关证件。用户应当按照国家核准的电价和用电计量装置的记录，按时交纳电费；对供电企业查电人员和抄表收费人员依法履行职责，应当提供方便。

第三十四条　供电企业和用户应当遵守国家有关规定，采取有效措施，做好安全用电、节约用电和计划用电工作。

第五章　电价与电费

第三十五条　本法所称电价，是指电力生产企业的上网电价、电网间的互供电价、电网销售电价。电价实行统一政策，统一定价原则，分级管理。

第三十六条　制定电价，应当合理补偿成本，合理确定收益，依法计入税金，坚持公平负担，促进电力建设。

第三十七条　上网电价实行同网同质同价。具体办法和实施步骤由国务院规定。电力生产企业有特殊情况需另行制定上网电价的，具体办法由国务院规定。

第三十八条　跨省、自治区、直辖市电网和省级电网内的上网电价，由电力生产企业和电网经营企业协商提出方案，报国务院物价行政主管部门核准。独立电网内的上网电价，由电力生产企业和电网经营企业协商提出方案，报有管理权的物价行政主管部门核准。地方投资的电力生产企业所生产的电力，属于在省内各地区形成独立电网的或者自发自用的，其电价可以由省、自治区、直辖市人民政府管理。

第三十九条　跨省、自治区、直辖市电网和独立电网之间、省级电网和独立电网之间的互供电价，由双方协商提出方案，报国务院物价行政主管部门或者其授权的部门核准。独立电网与独立电网之间的互供电价，由双方协商提出方案，报有管理权的物价行政主管部门核准。

第四十条　跨省、自治区、直辖市电网和省级电网的销售电价，由电网经营企业提出方案，报国务院物价行政主管部门或者其授权的部门核准。独立电网的销售电价，由电网经营企业提出方案，报有管理权的物价行政主管部门核准。

第四十一条　国家实行分类电价和分时电价。分类标准和分时办法由国务院确定。对同一电网内的同一电压等级、同一用电类别的用户，执行相同的电价标准。

第四十二条　用户用电增容收费标准，由国务院物价行政主管部门会同国务院电力管理部门制定。

第四十三条　任何单位不得超越电价管理权限制定电价。供电企业不得擅自变更电价。

第四十四条　禁止任何单位和个人在电费中加收其他费用；但是，法律、行政法规另有规定的，按照规定执行。地方集资办电在电费中加收费用的，由省、自治区、直辖市人民政府依照国务院有关规定制定办法。禁止供电企业在收取电费时，代收其他费用。

第四十五条　电价的管理办法，由国务院依照本法的规定制定。

第六章　农村电力建设和农业用电

第四十六条　省、自治区、直辖市人民政府应当制定农村电气化发展规划，并将其纳入当地电力发展规划及国民经济和社会发展计划。

第四十七条　国家对农村电气化实行优惠政策，对少数民族地区、边远地区和贫困地区的农村电力建设给予重点扶持。

第四十八条　国家提倡农村开发水能资源，建设中、小型水电站，促进农村电气化。国家鼓励和支持农村利用太阳能、风能、地热能、生物质能和其他能源进行农村电源建设，增加农村电力供应。

第四十九条　县级以上地方人民政府及其经济综合主管部门在安排用电指标时，应当保证农业和农村用电的适当比例，优先保证农村排涝、抗旱和农业季节性生产用电。电力企业应当执行前款的用电安排，不得减少农业和农村用电指标。

第五十条　农业用电价格按照保本、微利的原则确定。农民生产用电与当地城镇居民生活用电应当逐步实行相同的电价。

第五十一条　农业和农村用电管理办法，由国务院依照本办法的规定制定。

第七章　电力设施保护

第五十二条　任何单位和个人不得危害发电设施、变电设施和电力线路设施及其有关辅助设施。在电力设施周围进行爆破及其他可能危及电力设施安全的作业的，应当按照国务院有关电力设施保护的规定，经批准并采取确保电力设施安全的措施后，方可进行作业。

第五十三条　电力管理部门应当按照国务院有关电力设施

保护的规定，对电力设施保护区设立标志。任何单位和个人不得在依法划定的电力设施保护区内修建可能危及电力设施安全的建筑物、构筑物，不得种植可能危及电力设施安全的植物，不得堆放可能危及电力设施安全的物品。在依法划定电力设施保护区前已经种植的植物妨碍电力设施安全的，应当修剪或者砍伐。

第五十四条　任何单位和个人需要在依法划定的电力设施保护区内进行可能危及电力设施安全的作业时，应当经电力管理部门批准并采取安全措施后，方可进行作业。

第五十五条　电力设施与公用工程、绿化工程和其他工程在新建、改建或者扩建中相互妨碍时，有关单位应当按照国家有关规定协商，达成协议后方可施工。

第八章　监　督　检　查

第五十六条　电力管理部门依法对电力企业和用户执行电力法律、行政法规的情况进行监督检查。

第五十七条　电力管理部门根据工作需要，可以配备电力监督检查人员。电力监督检查人员应当公正廉洁，秉公执法，熟悉电力法律、法规，掌握有关电力专业技术。

第五十八条　电力监督检查人员进行监督检查时，有权向电力向企业或者用户了解有关执行电力法律、行政法规的情况，查阅有关资料，并有权进入现场进行检查。电力企业和用户对执行监督检查任务的电力监督检查人员应当提供方便。电力监督检查人员进行监督检查进，应当出示证件。

第九章　法　律　责　任

第五十九条　电力企业或者用户违反供用电合同，给对方造成损失的，应当依法承担赔偿责任。电力企业违反本法第二十八条、第二十九条一款的规定，未保证供电质量或者未事先通知用户中断供电，给用户造成损失的，应当依法承担赔偿责任。

第六十条 因电力运行事故给用户或者第三人造成损害的，电力企业应当依法承担赔偿责任。

电力运行事故由下列原因之一造成的，电力企业不承担赔偿责任：

（一）不可抗力；

（二）用户自身的过错。

因用户或者第三人的过错给电力企业或者其他用户造成损害的，该用户或者第三人应当依法承担赔偿责任。

第六十一条 违反本法第十一条第二款的规定，非法占用变电设施用地、输电线路走廊或者电缆通道的，由县级以上地方人民政府责令限期改正；逾期不改正的，强制清除障碍。

第六十二条 违反本法第十四条规定，电力建设项目不符合电力发展规划、产业政策的，由电力管理部门责令停止建设。违反本法第十四条规定，电力建设项目使用国家明令淘汰的电力设备和技术的，由电力管理部门责令停止使用，没收国家明令淘汰的电力设备，并处五万元以下的罚款。

第六十三条 违反本法第二十五条规定，未经许可，从事供电或者变更供电营业区的，由电力管理部门责令改正，没收违法所得，可以并处违法所得五倍以下的罚款。

第六十四条 违反本法第二十六条、第二十九条规定，拒绝供电或者中断供电的，由电力管理部门责令改正，给予警告；情节严重的，对有关主管人员和直接责任人员给予行政处分。

第六十五条 违反本法第三十二条规定，危害供电、用电安全或者扰乱供电、用电秩序的，由电力管理部门责令改正，给予警告；情节严重或者拒绝改正的，可以中止供电，可以并处五万元以下的罚款。

第六十六条 违反本法第三十三条、第四十三条、第四十四条规定，未按照国家核准的电价和用电计量装置的记录向用户计收电费、超越权限制定电价或者在电费中加收其他费用的，由物价行政主管部门给予警告，责令返还违法收取的费用，可以并处违法收取费用五倍以下的罚款；情节严重的，对有关主管人员和直接责任人员给予行政处分。

第六十七条　违反本法第四十九条第二款规定，减少农业和农村用电指标的，由电力管理部门责令改正；情节严重的，对有关主管人员和直接责任人员给予行政处分；造成损失的，责令赔偿损失。

第六十八条　违反本法第五十二条第二款和第五十四条规定，未经批准或者未采取安全措施在电力设施周围或者在依法划定的电力设施保护区内进行作业，危及电力设施安全的，由电力管理部门责令停止作业、恢复原状并赔偿损失。

第六十九条　违反本法第五十三条规定，在依法划定的电力设施保护区内修建建筑物、构筑物或者种植植物、堆放物品，危及电力设施安全的，由当地人民政府责令强制拆除、砍伐或者清除。

第七十条　有下列行为之一，应当给予治安管理处罚的，由公安机关依照治安管理处罚条例的有关规定予以处罚；构成犯罪的，依法追究刑事责任：

（一）阻碍电力建设或者电力设施抢修，致使电力建设或者电力设施抢修不能正常进行的；

（二）扰乱电力生产企业、变电所、电力调度机构和供电企业的秩序，致使生产、工作和营业不能正常进行的；

（三）殴打、公然侮辱履行职务的查电人员或者抄表收费人员的；

（四）拒绝、阻碍电力监督检查人员依法执行职务的。

第七十一条　盗窃电能的，由电力管理部门责令停止违法行为，追缴电费并处应交电费五倍以下的罚款；构成犯罪的，依照刑法第一百五十一条或者第一百五十二条的规定追究刑事责任。

第七十二条　盗窃电力设施或者以其他方法破坏电力设施，危害公共安全的，依照刑法第一百零九条或者第一百一十条的规定追究刑事责任。

第七十三条　电力管理部门的工作人员滥用职权、玩忽职守、徇私舞弊，构成犯罪的，依法追究刑事责任；尚不构成犯罪的，依法给予行政处分。

第七十四条　电力企业职工违反规章制度、违章调度或者不服从调度指令，造成重大事故的，比照刑法第一百一十四条的规定追究刑事责任。电力企业职工故意延误电力设施抢修或者抢险救灾供电，造成严重后果的，比照刑法第一百一十四条的规定追究刑事责任。电力企业的管理人员和查电人员、抄表收费人员勒索用户、以电谋私，构成犯罪的，依法追究刑事责任；尚不构成犯罪的，依法给予行政处分。

第十章　附　　则

第七十五条　本法自 1996 年 4 月 1 日起施行。

附：

《中华人民共和国刑法》有关条款

第一百零九条　破坏电力、煤气或者其他易燃易爆设备，危害公共安全，尚未造成严重后果的，处三年以上十年以下有期徒刑。

第一百一十条　破坏交通工具、交通设备、电力煤气设备、易燃易爆设备造成严重后果的，处十年以上有期徒刑、无期徒刑或者死刑。过失犯前款罪的，处七年以下有期徒刑或者拘役。

第一百一十四条　工厂、矿山、林场、建筑企业或者其他企业、事业单位的职工，由于不服管理、违反规章制度，或者强令工人违章冒险作业，因而发生重大伤亡事故，造成严重后果的，处三年以下有期徒刑或者拘役；情节特别恶劣的，处三年以上七年以下有期徒刑。

第一百五十一条 盗窃、诈骗、抢夺公私财物数额较大的，处五年以下有期徒刑、拘役或者管制。

第一百五十二条 惯窃、惯骗或者盗窃、诈骗、抢夺公私财物数额巨大的，处五年以上十年以下有期徒刑；情节特别严重的，处十年以上有期徒刑或者无期徒刑，可以并处没收财产。

附录 B 电力设施保护条例

电力设施保护条例

第一章 总 则

第一条 为保障电力生产和建设的顺利进行，维护公共安全，特制定本条例。

第二条 本条例适用于中华人民共和国境内全民所有的已建或在建的电力设施（包括发电厂、变电所和电力线路设施及其附属设施，下同）。

第三条 电力设施的保护，实行电力主管部门、公安部门和人民群众相结合的原则。

第四条 电力设施属于国家财产，受国家法律保护，禁止任何单位或个人从事危害电力设施的行为。任何单位和个人都有保护电力设施的义务，对危害电力设施的行为，有权制止并向电力、公安部门报告。

第五条 国务院电力主管部门对电力设施的保护负责监督、检查、指导和协调。

第六条 县以上地方各级电力主管部门保护电力设施的职责是：

（一）监督、检查本条例及根据本条例制定的规章的贯彻执行；

（二）开展保护电力设施的宣传教育工作；

（三）会同有关部门及沿电力线路各单位，建立群众护线组织并健全责任制；

（四）会同当地公安部门，负责所辖地区电力设施的安全保卫工作。

第七条　各级公安部门负责依法查处破坏电力设施或哄抢、盗窃电力设施器材的案件。

第二章　电力设施的保护范围和保护区

第八条　发电厂、变电所设施的保护范围：

（一）发电厂、变电所内与发、变电生产有关的设施；

（二）发电厂、变电所外各种专用的管道（沟）、水井、泵站、冷却水塔、油库、堤坝、铁路、道路、桥梁、码头、燃料装卸设施、避雷针、消防设施及附属设施；

（三）水力发电厂使用的水库、大坝、取水口、引水隧洞（含支洞口）、引水渠道、调压井（塔）、露天高压管道、厂房、尾水渠、厂房与大坝间的通信设施及附属设施。

第九条　电力线路设施的保护范围：

（一）架空电力线路：杆塔、基础、拉线、接地装置、导线、避雷线、金具、绝缘子、登杆塔的爬梯和脚钉，导线跨越航道的保护设施，巡（保）线站，巡视检修专用道路、船舶和桥梁，标志牌及附属设施；

（二）电力电缆线路：架空、地下、水底电力电缆和电缆连接装置，电缆管道、电缆隧道、电缆沟、电缆桥，电缆井、盖板、人孔、标石、水线标志牌及附属设施；

（三）电力线路上的变压器、电容器、断路器、隔离开关、避雷器、互感器、熔断、计量仪表装置、配电室、箱式变电站及附属设施。

第十条　电力线路保护区：

（一）架空电力线路保护区：导线边线向外侧延伸所形成的两平行线内的区域，在一般地区各级电压导线的边线延伸距离如下：

1～10kV　5米

35～110kV　10米

154～330kV　15米

500kV　20 米

在厂矿、城镇等人口密集地区，架空电力线路保护区的区域可略小于上述规定。但各级电压导线边线延伸的距离，不应小于导线边线在最大计算弧垂及最大计算风偏后的水平距离和风偏后距建筑物的安全距离之和。

（二）电力电缆线路保护区：地下电缆为线路两侧各 0.75 米所形成的两平行线内的区域；海底电缆一般为线路两侧各 2 海里（港内为两侧各 100 米），江河电缆一般不小于线路两侧各 100 米（中、小河流一般不小于各 50 米）所形成的两平行线内的水域。

第三章　电力设施的保护

第十一条　县以上地方各级电力主管部门应采取以下措施，保护电力设施：

（一）在必要的架空电力线路保护区的区界上，应设立标志牌，并标明保护区的宽度和保护规定；

（二）在架空电力线路导线跨越重要公路和航道的区段，应设立标志牌，并标明导线距穿越物体之间的安全距离；

（三）地下电缆铺设后，应设立永久性标志，并将地下电缆所在位置书面通知有关部门；

（四）水底电缆敷设后，应设立永久性标志，并将水底电缆所在位置书面通知有关部门。

第十二条　任何单位或个人在电力设施周围进行爆破作业，必须按照国家有关规定，确保电力设施的安全。

第十三条　任何单位或个人不得从事下列危害发电厂、变电所设施的行为：

（一）闯入厂、所内扰乱生产和工作秩序，移动、损害标志物；

（二）危及输水、排灰管道（沟）的安全运行；

（三）影响专用铁路、公路、桥梁、码头的使用；

（四）在用于水力发电的水库内，进入距水工建筑物 300 米区域内炸鱼、捕鱼、游泳、划船及其他危及水工建筑物安全的行为。

第十四条　任何单位或个人，不得从事下列危害电力线路设施的行为：

（一）向电力线路设施射击；

（二）向导线抛掷物体；

（三）在架空电力线路导线两侧各 300 米的区域内放风筝；

（四）擅自在导线上接用电器设备；

（五）擅自攀登杆塔或在杆塔上架设电力线、通信线、广播线，安装广播喇叭；

（六）利用杆塔、拉线作起重牵引地锚；

（七）在杆塔、拉线上拴牲畜、悬挂物体、攀附农作物；

（八）在杆塔、拉线基础的规定范围内取土、打桩、钻探、开挖或倾倒酸、碱、盐及其他有害化学物品；

（九）在杆塔内（不含杆塔与杆塔之间）或杆塔与拉线之间修筑道路；

（十）拆卸杆塔或拉线上的器材，移动、损坏永久性标志或标志牌。

第十五条　任何单位或个人在架空电力线路保护区内，必须遵守下列规定：

（一）不得堆放谷物、草料、垃圾、矿渣、易燃物、易爆物及其他影响安全供电的物品；

（二）不得烧窑、烧荒；

（三）不得兴建建筑物；

（四）不得种植竹子；

（五）经当地电力主管部门同意，可以保留或种植自然生长最终高度与导线之间符合安全距离的树木。

第十六条　任何单位或个人在电力电缆线路保护区内，必须遵守下列规定：

（一）不得在地下电缆保护区内堆放垃圾、矿渣、易燃物、易爆物，倾倒酸、碱、盐及其他有害化学物品，兴建建筑物或种植树木、竹子；

（二）不得在海底电缆保护区内抛锚、拖锚；

（三）不得在江河电缆保护区内抛锚、拖锚、炸鱼、挖沙。

第十七条　任何单位或个人必须经县级以上地方电力主管部门批准，并采取安全措施后，方可进行下列作业或活动：

（一）在架空电力线路保护区内进行农田水利基本建设工程及打桩、钻探、开挖等作业；

（二）起重机械的任何部位进入架空电力线路保护区进行施工；

（三）小于导线距穿越物体之间的安全距离，通过架空电力线路保护区；

（四）在电力电缆线路保护区内进行作业。

第十八条　任何单位或个人不得从事下列危害电力设施建设的行为：

（一）非法侵占电力设施建设项目依法征用的土地；

（二）涂改、移动、损害、拔除电力设施建设的测量标桩和标记；

（三）破坏、封堵施工道路，截断施工水源或电源。

第十九条　经县级以上地方物资、商业管理部门会同工商行政管理部门、公安部门批准的商业企业可以在批准的范围内查验证明、登记收购电力设施器材。任何单位出售电力设施器材，必须持有本单位证明；任何个人出售电力设施器材，必须持有所在单位或所在居民委员会、村民委员会出具的证明，到规定的商业企业出售。任何单位或个人不得非法出售、收购电力设施器材。

第二十条　电力主管部门专用架空通信线路、通信电缆线路设施及其附属设施的保护，按照国家有关规定执行。

第四章　对电力设施与其他设施互相妨碍的处理

第二十一条　电力设施的建设和保护应尽量避免或减少给国家、集体和个人造成的损失。

第二十二条　新建架空电力线路不得跨越储存易燃、易爆物品仓库的区域；一般不得跨越房屋，特殊情况需要跨越房屋时，电力主管部门应采取安全措施，并按照本条例第二十三条的规定与有关主管部门达成协议。

第二十三条　公用工程、城市绿化和其他设施与发电厂、变电所和电力线路设施及其附属设施，在新建、改建或扩建中相互妨碍时，双方主管部门必须按照本条例和国家有关规定协商，达成协议后方可施工。

第二十四条　电力主管部门应将经批准的电力设施新建、改建或扩建的规划和计划通知城乡建设规划主管部门，并划定保护区域。城乡建设规划主管部门应将发电、变电所和电力线路设施及其附属设施的新建、改建或扩建纳入城乡建设规划。

第二十五条　新建、改建或扩建发电厂、变电所和电力线路设施及其附属设施，按照本条例第二十三条的规定与有关主管部门达成协议后，需要损害农作物，砍伐树木、竹子或拆迁建筑物及其他设施，电力主管部门应按照国家有关规定给予一次性补偿。

第五章　奖励与惩罚

第二十六条　任何单位或个人有下列行为之一，电力主管部门应给予表彰或一次性物质奖励：

（一）对破坏电力设施或哄抢、盗窃电力设施器材的行为检举、揭发有功；

（二）对破坏电力设施或哄抢、盗窃电力设施器材的行为进行斗争，有效地防止事故发生；

（三）为保护电力设施而同自然灾害做斗争，成绩突出；

（四）为维护电力设施安全，做出显著成绩。

第二十七条　任何单位或个人违反本条例第十三条、十四条、十五条、十六条、十七条的规定，电力主管部门有权制止并责令其限期改正；情节严重的，可处以罚款，其中违反本条例第十五条第四项、第五项规定，限期内未改正的，电力主管部门还可采取措施，强行伐、剪树木、竹子；凡造成损失的，电力主管部门还应责令其赔偿，并建议其上级主管部门对有关责任人员给予行政处分。

第二十八条　凡违反本条例规定而构成违反治安管理行为的单位或个人，由公安部门根据《中华人民共和国治安管理处罚条例》予以处罚；构成犯罪的，由司法机关依法追究刑事责任。

第二十九条　任何单位或个人违反本条例第十八条规定，非法侵占电力建设设施依法征用的土地，应按照国家有关规定处理。

第三十条　任何单位或个人违反本条例第十九条的规定，非法收购或出售电力设施器材，由工商行政管理部门按照国家有关规定没收其全部违法所得或实物，并视情节轻重，处以罚款直至吊销营业执照。

第三十一条　电力主管部门的工作人员违反本条例规定，情节严重的，应给予行政处分；构成犯罪的，由司法机关依法追究刑事责任。

第三十二条　当事人对地方电力主管部门给予的行政处罚不服，可以向上一级电力主管部门申诉，对上一级电力主管部门作出的行政处罚仍不服，可在接到处罚通知之日起 15 日内向人民法院起诉；期满不起诉又不执行的，由作出行政处罚的电力主管部门申请人民法院强制执行。

第六章　附　　则

第三十三条　国务院电力主管部门可以会同国务院有关部门制定本条例的实施细则。

第三十四条　本条例由国务院电力主管部门负责解释。

第三十五条　本条例自发布之日起施行。

附录 C　紧急救护法

紧 急 救 护 法

一、通则

（1）紧急救护的基本原则是在现场采取积极措施，保护伤员的生命，减轻伤情，减少痛苦，并根据伤情需要，迅速与医疗急救中心（医疗部门）联系救治。急救成功的关键是动作快，操作正确。任何拖延和操作错误都会导致伤员伤情加重或死亡。

（2）要认真观察伤员全身情况，防止伤情恶化。发现伤员意识不清、瞳孔扩大无反应，呼吸、心跳停止时，应立即在现场就地抢救，用心肺复苏法支持其呼吸和循环，对脑、心重要脏器供氧。心脏停止跳动后，只有分秒必争地迅速抢救，救活的可能才较大。

（3）现场工作人员都应定期接受培训，学会紧急救护法，会正确解脱电源，会心肺复苏法，会止血、会包扎、会固定，会转移搬运伤员，会处理急救外伤或中毒等。

（4）生产现场和经常有人工作的场所应配备急救箱，存放急救用品，并应指定专人经常检查、补充或更换。

二、触电急救

（1）触电急救应分秒必争，一经明确心跳、呼吸停止的，立即就地迅速用心肺复苏法进行抢救，并坚持不断地进行，同时及早与医疗急救中心（医疗部门）联系，争取医务人员接替救治。在医务人员未接替救治前，不应放弃现场抢救，更不能只根据没有呼吸或脉搏的表现，擅自判定伤员死亡，放弃抢救。只有医生有权做出伤员死亡的诊断。与医务人员接替时，应提醒医务人员在触电者转移到医院的过程中不得间断抢救。

（2）迅速脱离电源。

1）触电急救，首先要使触电者迅速脱离电源，越快越好。因为电流作用的时间越长，伤害越重。

2）脱离电源，就是要把触电者接触的那一部分带电设备的所有断路器（开关）、隔离开关（刀闸）或其他断路设备断开；或设法将触电者与带电设备脱离开。在脱离电源过程中，救护人员也要注意保护自身的安全。如触电者处于高处，应采取相应措施，防止该伤员脱离电源后自高处坠落形成复合伤。

3）低压触电可采用下列方法使触电者脱离电源：

a. 如果触电地点附近有电源开关或电源插座，可立即拉开开关或拔出插头，断开电源。但应注意到拉线开关或墙壁开关等只控制一根线的开关，有可能因安装问题只能切断零线而无法断开电源的相线。

b. 如果触电地点附近没有电源开关或电源插座（头），可用有绝缘柄的电工钳或有干燥木柄的斧头切断电线，断开电源。

c. 当电线搭落在触电者身上或压在身下时，可用干燥的衣服、手套、绳索、皮带、木板、木棒等绝缘物作为工具，拉开触电者或挑开电线，使触电者脱离电源。

d. 如果触电者的衣服是干燥的，又没有紧缠在身上，可以用一只手抓住其衣服，将其拉离电源。但因触电者的身体是带电的，其鞋的绝缘也可能遭到破坏，救护人不得接触触电者的皮肤，也不能抓他的鞋。

e. 若触电发生在低压带电的架空线路上或配电台架、进户线上，对可立即切断电源的，应迅速断开电源，救护者迅速登杆或登至可靠地方，并做好自身防触电、防坠落安全措施，用带有绝缘胶柄的钢丝钳、绝缘物体或干燥不导电物体等工具使触电者脱离电源。

4）高压触电可采用下列方法之一使触电者脱离电源：

a. 立即通知有关供电单位或用户停电。

b. 戴上绝缘手套，穿上绝缘靴，用相应电压等级的绝缘工具按顺序拉开电源开关或熔断器。

c. 抛掷裸金属线使线路短路接地，迫使保护装置动作，断开电源。注意抛掷金属线之前，应先将金属线的一端可靠接地，然后另一端系上重物抛掷，注意抛掷的一端不可触及触电者和其他人。另外，抛掷者抛出线后，要迅速离开接地的金属线 8m 以外或双腿并拢站立，防止跨步电压伤人。在抛掷短路线时，应注意防止电弧伤人或断线危及人员安全。

5）脱离电源后救护者应注意的事项。

a. 救护人不可直接用手、其他金属及潮湿的物体作为救护工具，而应使用适当的绝缘工具。救护人最好用一只手操作，以防自己触电。

b. 防止触电者脱离电源后可能的摔伤，特别是当触电者在高处的情况下，应考虑采取防止坠落的措施。即使触电者在平地，也要注意触电者倒下的方向，注意防摔。救护者也应注意救护中自身的防坠落、摔伤措施。

c. 救护者在救护过程中特别是在杆上或高处抢救伤者时，要注意自身和被救者与附近带电体之间的安全距离，防止再次触及带电设备。即使电气设备、线路电源已断开，对未做安全措施、未挂上接地线的设备也应视作有电设备。救护人员登高时应随身携带必要的绝缘工具和牢固的绳索等。

d. 如事故发生在夜间，应设置临时照明灯，以便于抢救，避免意外事故发生，但不能因此延误切除电源和进行急救的时间。

6）现场就地急救。触电者脱离电源以后，现场救护人员应迅速对触电者的伤情进行判断，对症抢救。同时设法联系医疗急救中心（医疗部门）的医生到现场接替救治。要根据触电伤员的不同情况，采用不同的急救方法。

a. 触电者神志清醒、有意识，心脏跳动，但呼吸急促、面色苍白，或曾一度电休克、但未失去知觉。此时不能用心肺复苏法抢救，应将触电者抬到空气新鲜、通风良好地方躺下，安静休息1～2h，让他慢慢恢复正常。天凉时要注意保温，并随时观察触电者的呼吸、脉搏变化。条件允许的，送医院进一步检查。

b. 触电者神志不清，判断意识无，有心跳，但呼吸停止或极微弱时，应立即用仰头抬颏法，使气道开放，并进行口对口人工呼吸。此时切记不能对触电者施行心脏按压。如此时不及时用人工呼吸法抢救，触电者将会因缺氧过久而引起心跳停止。

c. 触电者神志丧失，判定意识无，心跳停止，但有极微弱的呼吸时，应立即施行心肺复苏法抢救。不能认为尚有微弱呼吸，只需做胸外按压，因为这种微弱呼吸已起不到人体需要的氧交换作用，如不及时进行人工呼吸即会发生死亡；若能立即施行口对口人工呼吸法和胸外按压，就能抢救成功。

d. 触电者心跳、呼吸停止时，应立即进行心肺复苏法抢救，不得延误或中断。

e. 触电者和雷击伤者心跳、呼吸停止，并伴有其他外伤时，应先迅速进行心肺复苏急救，然后再处理外伤。

f. 发现杆塔上或高处有人触电，要争取时间及早在杆塔上或高处开始抢救。在触电者脱离电源后，应迅速将其扶卧在救护人的安全带上（或在适当地方躺平），然后根据伤者的意识、呼吸及颈动脉搏动情况来进行前a～f项不同方式的急救。应提醒的是高处抢救触电者时，迅速判断其意识和呼吸是否存在是十分重要的。若呼吸已停止，开放气道后立即口对口（鼻）吹气2次，再测试颈动脉，如有搏动，则每5s继续吹气1次；若颈动脉无搏动，可用空心拳头叩击心前区2次，促使心脏复跳。为使抢救更为有效，应立即设法将伤员营救至地面，并继续按心肺复苏法检查抢救。

（a）单人营救法。首先在杆上安装绳索，将绳子的一端固定在杆上［见图C-1（a）］，固定时绳子要绕2～3圈，绳子的另一端放在伤员的腋下［见图C-1（b）］。绑的方法为先用柔软的物品垫在腋下，然后用绳子绕1圈，打3个靠结，绳头塞进伤员腋旁的圈内并压紧。绳子的长度应为杆的1.2～1.5倍。最后将伤员的脚扣和安全带松开，再解开固定在杆上的绳子，缓缓将伤员放下 [见图 C-1 (c)]。

（b）双人营救法。该方法基本与单人营救方法相同，只是绳子的另一端由杆下人员握住缓缓下放 [见图 C-1 (d)]。此时绳子要长些，应为杆高的2.2～2.5倍。营救人员要协调一致，防止杆上人员突然松手，杆下人员没有准备而发生意外。

g. 触电者衣服被电弧光引燃时，应迅速扑灭其身上的火源，着火者切忌跑动，方法可利用衣服、被子、湿毛巾等扑火，必要时可就地躺下翻滚，使火扑灭。

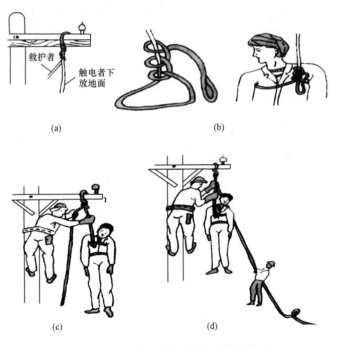

图 C-1　杆塔上或高处触电者放下方法

（a）固定绳子；（b）绑伤员的方法；（c）单人营救法；（d）双人营救法

（3）伤员脱离电源后的处理。

1）判断意识、呼救和体位放置。

a. 判断伤员有无意识的方法。

a）轻轻拍打伤员肩部，高声喊叫"喂！你怎么啦?"，如图C-2所示。

b）如认识，可直呼喊其姓名。有意识的，立即送医院。

c）眼球固定、瞳孔散大，无反应时，立即用手指甲掐压人中穴、合谷穴约5s。

注意，以上3步动作应在10s以内完成，不可太长。伤员如出现眼球活动、四肢活动及疼痛感后，应即停止掐压穴位。拍打肩部不可用力太重，以防加重可能存在的骨折等损伤。

b. 呼救。一旦初步确定伤员神志不清，应立即招呼周围的人前来协助抢救，哪怕周围无人，也应该大叫"来人啊！救命啊!"，如图C-3所示。

图C-2　判断伤员有无意识　　　　图C-3　呼救

注意，一定要呼叫其他人来帮忙，因为一个人作心肺复苏术不可能坚持较长时间，而且劳累后动作易走样。叫来的人除协助作心肺复苏外，还应立即打电话给救护站或呼叫受过救护训练的人前来帮忙。

c. 放置体位。正确的抢救体位是仰卧位。患者头、颈、躯干平卧无扭曲，双手放于两侧躯干旁。

如伤员摔倒时面部向下，应在呼救同时小心将其转动，使伤员全身各部成一个整体。尤其要注意保护颈部，可以一手托住颈部，另一手扶着肩部，以脊柱为轴心，使伤员头、颈、躯干平稳地直线转至仰卧在坚实的平面上，四肢平放，如图C-4所示。

注意，抢救者跪于伤员肩颈侧旁，将其手臂举过头，拉直双腿，注意保护颈部。解开伤员上衣，暴露胸部（或仅留内衣），冷天要注意使其保暖。

图C-4 放置伤员

2）通畅气道、判断呼吸与人工呼吸。

a. 当发现触电者呼吸微弱或停止时，应立即通畅触电者的气道以促进触电者呼吸或便于抢救。通畅气道主要采用仰头举颏法。即一手置于前额使头部后仰，另一手的食指与中指置于下颌骨近下颏角处，抬起下颏，如图C-5和图C-6所示。

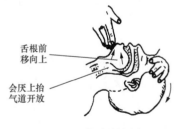

舌根前
移向上

会厌上抬
气道开放

图C-5 仰头举颏法

图C-6 抬起下颏法

注意，严禁用枕头等物垫在伤员头下，手指不要压迫伤员颈前部、颏下软组织，以防压迫气道，颈部上抬时不要过度伸展，有假牙托者应取出。儿童颈部易弯曲，过度抬颈反而使其气道闭塞，因此不要抬颈牵拉过甚。成人头部后仰程度应为90°，儿童头部后仰程度应为60°，婴儿头部后仰程度应为30°，对颈椎有损伤的伤员应采用双下颌上提法。

b. 判断呼吸。触电伤员如意识丧失，应在开放气道后10s

内用看、听、试的方法判定伤员有无呼吸，如图 C-7 所示。

看：看伤员的胸、腹壁有无呼吸起伏动作。

听：用耳贴近伤员的口鼻处，听有无呼气声音。

试：用颜面部的感觉测试口

图 C-7　看、听、试伤员呼吸 鼻部有无呼气气流。

若无上述体征可确定无呼吸。一旦确定无呼吸后，立即进行两次人工呼吸。

c. 口对口（鼻）呼吸。当判断伤员确实不存在呼吸时，应即进行口对口（鼻）的人工呼吸，其具体方法如下：

（a）在使伤员保持呼吸通畅的位置下进行。用按于前额一手的拇指与食指捏住伤员鼻孔（或鼻翼）下端，以防气体从口腔内经鼻孔逸出，施救者深吸一口气屏住并用自己的嘴唇包住（套住）伤员微张的嘴。

（b）每次向伤员口中吹（呵）气持续 1～1.5s，同时仔细地观察伤员胸部有无起伏，如无起伏说明气未吹进，如图 C-8 所示。

（c）一次吹气完毕后，应即与伤员口部脱离，轻轻抬起其头部，面向伤员胸部，吸入新鲜空气，以便作下一次人工呼吸。同时使伤员的口张开，捏鼻的手也可放松，以便伤员从鼻孔通气，观察伤员胸部向下恢复时，则有气流从伤员口腔排出，如图 C-9 所示。

图 C-8　口对口吹气

图 C-9　伤员口腔排气

抢救一开始，应立即向伤员先吹气两口，吹气时胸廓隆起者，人工呼吸有效；吹气胸廓无起伏者，则气道通畅不够，或鼻孔处漏气、或吹气不足、或气道有梗阻，应及时纠正。

注意：①每次吹气量不要过大，约 600mL 左右（6～7mL/kg），大于 1200mL 会造成胃扩张。②吹气时不要按压胸部，如图 C-10 所示。③儿童伤员需视年龄不同而异，吹气量约为 500mL，以胸廓能上抬为宜。④抢救一开始的首次吹气两次，每次时间为 1～1.5s。⑤对有脉搏无呼吸的伤员，每 5s 吹一口气，每分钟吹气 12 次。⑥口对鼻的人工呼吸适用于有严重的下颌及嘴唇外伤、牙关紧闭、下颌骨骨折等情况的伤员，难以采用口对口吹气法。⑦对婴、幼儿进行急救操作时要注意，因婴、幼儿韧带、肌肉松

图 C-10　吹时不要
压胸部

弛，故头不可过度后仰，以免气管受压，影响气道通畅，可用一手托颈，以保持气道平直；另外，婴、幼儿口鼻开口均较小，位置又很靠近，抢救者可用口贴住婴、幼儿口与鼻的开口处，施行口对口鼻呼吸。

3）判断伤员有无脉搏与胸外心脏按压。

a. 脉搏判断。在检查伤员的意识、呼吸、气道之后，应对伤员的脉搏进行检查，以判断伤员的心脏跳动情况（非专业救护人员可不进行脉搏检查，对无呼吸、无反应、无意识的伤员立即实施心肺复苏）。具体方法如下：

（a）在开放气道的位置下进行脉搏判断（首次人工呼吸后）。

（b）一手置于伤员前额，使头部保持后仰，另一手在靠近抢救者一侧触摸颈动脉。

（c）可用食指及中指指尖先触及气管正中部位，男性可先触及喉结，然后向两侧滑移 2～3cm，在气管旁软组织处轻轻触摸颈动脉搏动，如图 C-11 所示。

注意：①触摸颈动脉不能用力过大，以免推移颈动脉，妨碍触及。②不要同时触摸两侧颈动脉，造成头部供血中断。③不要压迫气管，造成呼吸道阻塞。④检查时间不要超过10s。⑤未触及搏动，心跳已停止，或触摸位置有错误；触及搏动，有脉搏、心跳，或触摸感觉错误（可能将自己手指的搏动感觉为伤员脉搏）。⑥判断应综合审定，如无意识，无呼吸，瞳孔散大，面色紫绀或苍白，再加上触不到脉搏，可以判定心跳已经停止。⑦婴、幼儿因颈部肥胖，颈动脉不易触及，可检查肱动脉。肱动脉位于上臂内侧腋窝和肘关节之间的中点，用食指和中指轻压在内侧，即可感觉到脉搏。

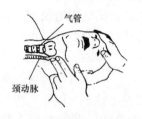

气管

颈动脉

图 C-11 触摸颈动脉搏动

b. 胸外心脏按压。在对心跳停止者进行按压前，先手握空心拳，快速垂直击打伤员胸前区胸骨中下段1～2次，每次1～2s，力量中等。若无效，则立即进行胸外心脏按压，不能耽误时间。

（a）按压部位。胸骨中1/3与下1/3交界处，如图 C-12所示。

（b）伤员体位。伤员应仰卧于硬板床或地上。如为弹簧床，则应在伤员背部垫一硬板。硬板长度及宽度应足够大，以保证按压胸骨时，伤员身体不会移动。但不可因找寻垫板而延误开始按压的时间。

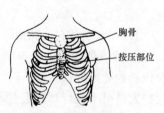

胸骨

按压部位

图 C-12 胸外按压位置

（c）快速测定按压部位的方法。快速测定按压部位可分5个步骤，如图 C-13所示。

a）先触及伤员上腹部，以食指及中指沿伤员肋弓处向中间移滑，如图 C-13（a）所示。

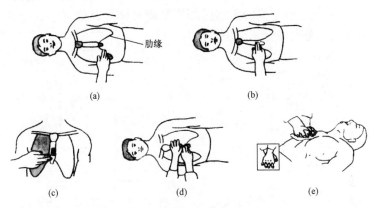

图 C-13　快速测定按压部位

（a）两指沿肋弓向中移滑；（b）切迹定位标志；（c）按压区；

（d）掌根部放在按压区；（e）重叠掌根

b）在两侧肋弓交点处寻找胸骨下切迹，以切迹作为定位标志，不要以剑突下定位，如图 C-13（b）所示。

c）然后将食指及中指横放在胸骨下切迹上方，食指上方的胸骨正中部即为按压区，如图 C-13（c）所示。

d）以另一手的掌根部紧贴食指上方，放在按压区，如图 C-13（d）所示。

e）再将定位之手取下，重叠将掌根放于另一手背上，两手手指交叉抬起，使手指脱离胸壁，如图 C-13（e）所示。

（d）按压姿势。正确的按压姿势如图 C-14 所示。抢救者双臂绷直，双肩在伤员胸骨上方正中，靠自身重量垂直向下按压。

（e）按压用力方式如图 C-15 所示。

a）按压应平稳、有节律地进行，不能间断。

b）不能冲击式地猛压。

c）下压及向上放松的时间应相等，如图 C-15 所示。按压至最低点处，应有一明显的停顿。

d) 垂直向下用力，不要左右摆动。

e) 放松时定位的手掌根部不要离开胸骨定位点，但应尽量放松，务使胸骨不受任何压力。

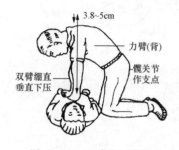

图 C-14　正确按压姿势　　　　图 C-15　按压用力方式

（f）按压频率。按压频率应保持在 100 次/min。

（g）按压与人工呼吸比例。按压与人工呼吸的比例关系通常是成人为 30∶2，婴儿、儿童为 15∶2。双人复苏法如图 C-16 所示。

（h）按压深度。通常，成人伤员为 4～5cm，5～13 岁伤员为 3cm，婴幼儿伤员为 2cm。

（i）胸外心脏按压常见的错误。

a）按压时除掌根部贴在胸骨外，手指也压在胸壁上，容易引起骨折（肋骨或肋软骨）。

图 C-16　双人复苏法

b）按压定位不正确，向下易使剑突受压折断而致肝破裂；向两侧易致肋骨或肋软骨骨折，导致气胸、血胸。

c）按压用力不垂直，导致按压无效或肋软骨骨折，特别是摇摆式按压更易出现严重并发症，如图 C-17（a）所示。

d）抢救者按压时肘部弯曲，因而用力不够，按压深度达不到 3.8～5cm，如图 C-17（b）所示。

e）按压为冲击式，猛压，其效果差，且易导致骨折。

f）放松时抬手离开胸骨定位点，造成下次按压部位错误，引起骨折。

g）放松时未能使胸部充分松弛，胸部仍承受压力，使血液难以回到心脏。

h）按压速度不自主地加快或减慢，影响按压效果。

i）双手掌不是重叠放置，而是交叉放置，如图 C-17（c）所示。

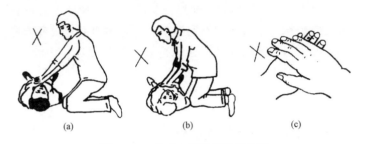

图 C-17　胸外心脏按压常见错误
（a）按压用力不垂直；（b）按压深度不够；（c）双手掌交叉位置

（4）心肺复苏法综述。

1）操作过程有以下步骤：

a. 首先判断昏倒的人有无意识。

b. 如无反应，立即呼救，叫"来人啊！救命啊！"等。

c. 迅速将伤员放置于仰卧位，并放在地上或硬板上。

d. 开放气道（①仰头举颏或颌；②清除口、鼻腔内异物）。

e. 判断伤员有无呼吸（通过看、听和感觉进行）。

f. 如无呼吸，立即口对口吹气两口。

g. 保持头后仰，另一手检查颈动脉有无搏动。

h. 如有脉搏，表明心脏尚未停跳，可仅做人工呼吸，

12～16 次/min。

i. 如无脉搏，立即在正确定位下在胸外按压位置进行心前区叩击 1～2 次。

j. 叩击后再次判断有无脉搏，如有脉搏即表明心跳已经恢复，可仅做人工呼吸即可。

k. 如无脉搏，立即在正确的位置进行胸外按压。

l. 每作 30 次按压，需作 2 次人工呼吸，然后再在胸部重新定位，再作胸外按压，如此反复进行，直到协助抢救者或专业医务人员赶来。按压频率为 100 次/min。

m. 开始 2min 后检查一次脉搏、呼吸、瞳孔，以后每4～5min 检查一次。检查时间不超过 5s，最好由协助抢救者检查。

n. 如用担架搬运伤员，应该持续作心肺复苏，中断时间不超过 5s。

2）心肺复苏操作的时间要求。

0～5s：判断意识。

5～10s：呼救并放好伤员体位。

10～15s：开放气道，并观察呼吸是否存在。

15～20s：口对口呼吸两次。

20～30s：判断脉搏。

30～50s：进行胸外心脏按压 30 次，再进行人工呼吸 2 次，以后连续反复进行。

以上程序尽可能在 50s 以内完成，最长不宜超过 1min。

3）双人复苏操作要求。

a. 两人应协调配合，吹气应在胸外按压的松弛时间内完成。

b. 按压频率为 100 次/min。

c. 按压与呼吸比例为 30：2，即 30 次心脏按压后，进行 2 次人工呼吸。

d. 为达到配合默契，可由按压者数口诀"1、2、3、4、…、29、吹"。当吹气者听到"29"时，做好准备，听到

"吹"后，即向伤员嘴里吹气。按压者继而重数口诀"1、2、3、4、…、29、吹"，如此周而复始循环进行。

e. 人工呼吸者除需通畅伤员呼吸道、吹气外，还应经常触摸其颈动脉和观察瞳孔等。

4）心脏复苏法注意事项。

a. 吹气不能在向下按压心脏的同时进行。数口诀的速度应均衡，避免快慢不一。

b. 操作者应站在触电者侧面便于操作的位置。单人急救时应站立在触电者的肩部位置；双人急救时，吹气人应站在触电者的头部，按压心脏者应站在触电者胸部、与吹气者相对的一侧。

c. 进行人工呼吸者与心脏按压者可以互换位置、互换操作，但中断时间不超过5s。

d. 第二抢救者到达现场后，应首先检查颈动脉搏动，然后再开始进行人工呼吸。如心脏按压有效，则应触及搏动，如不能触及，应观察心脏按压者的技术操作是否正确，必要时应增加按压深度及重新定位。

e. 可以由第三抢救者及更多的抢救人员轮换操作，以保持精力充沛、姿势正确。

（5）心肺复苏的有效指标、转移和终止。

1）心肺复苏的有效指标。心肺复苏操作是否正确，主要靠平时严格训练，掌握正确的方法。而在急救中判断复苏是否有效，可以根据以下5方面综合考虑：

a. 瞳孔。复苏有效时，可见伤员瞳孔由大变小。如瞳孔由小变大、固定、角膜混浊，则说明复苏无效。

b. 面色（口唇）。复苏有效时，可见伤员面色由紫绀转为红润，若变为灰白，则说明复苏无效。

c. 颈动脉搏动。按压有效时，每一次按压可以摸到一次搏动，若停止按压则搏动也消失，应继续进行心脏按压；如停止按压后脉搏仍然跳动，则说明伤员心跳已恢复。

d. 神志。复苏有效时，可见伤员有眼球活动，睫毛反射与对光反射出现，甚至手脚开始抽动，肌张力增加。

e. 出现自主呼吸。伤员出现自主呼吸，并不意味着可以停止人工呼吸。如果自主呼吸微弱，仍应坚持口对口呼吸。

2）转移和终止。

a. 转移。在现场抢救时，应力争抢救时间，切勿为了方便或让伤员舒服去移动伤员，从而延误现场抢救的时间。

现场心肺复苏应坚持不断地进行，抢救者不应频繁更换，即使送往医院途中也应继续进行。鼻导管给氧绝不能代替心肺复苏术。如需将伤员由现场移往室内，中断操作时间不得超过7s；通道狭窄、上下楼层、送上救护车等的操作中断不得超过30s。

将心跳、呼吸恢复的伤员用救护车送医院时，应在伤员背部放一块大小适当的硬板，以备随时进行心肺复苏。将伤员送到医院而专业人员尚未接手前，仍应继续进行心肺复苏。

b. 终止。何时终止心肺复苏是一个涉及医疗、社会、道德等方面的问题。不论在什么情况下，是否终止心肺复苏取决于医生，或医生组成的抢救组的首席医生，否则不得放弃抢救。高压或超高压电击的伤员心跳、呼吸停止，更不应随意放弃抢救。

c. 电击伤伤员的心脏监护。被电击伤并经过心肺复苏抢救成功的电击伤员，都应让其充分休息，并在医务人员指导下进行不少于48h的心脏监护。伤员在被电击过程中，由于电压、电流、频率的直接影响和组织损伤而产生高钾血症，以及由于缺氧等因素引起心肌损害和心律失常，经过心肺复苏抢救，在心跳恢复后，有的伤员还可能会出现"继发性心脏跳动停止"，故应进行心脏监护，以对心律失常和高钾血症的伤员及时予以治疗。

（6）抢救过程注意事项。

1）抢救过程中的再判定。

a. 按压吹气 2min 后（相当于单人抢救时做了 5 个 30：2 压吹循环），应用看、听、试方法在 5～10s 时间内完成对伤员呼吸和心跳是否恢复的再判定。

b. 若判定颈动脉已有搏动但无呼吸，则暂停胸外按压，再进行 2 次口对口人工呼吸，接着每 5s 吹气一次（即 12 次/min）。如脉搏和呼吸均未恢复，则继续坚持心肺复苏法抢救。

c. 抢救过程中，要每隔数分钟再判定一次，每次判定时间均不得超过 5～10s。在医务人员未接替抢救前，现场抢救人员不得放弃现场抢救。

2）现场触电抢救，对采用肾上腺素等药物应持慎重态度。如没有必要的诊断设备条件和足够的把握，不得乱用。在医院内抢救触电者时，由医务人员经医疗仪器设备诊断，根据诊断结果决定是否采用。

三、创伤急救

1. 创伤急救的基本要求

（1）创伤急救原则上是先抢救、后固定、再搬运，并注意采取措施，防止伤情加重或污染。需要送医院救治的，应立即做好保护伤员措施后送医院救治。急救成功的条件是动作快、操作正确，任何延迟和误操作均可加重伤情，甚至导致死亡。

（2）抢救前先使伤员安静躺平，判断全身情况和受伤程度，如有无出血、骨折和休克等。

（3）外部出血应立即采取止血措施，防止伤员失血过多而休克。外观无伤，但呈休克状态，神志不清或昏迷者，要考虑胸腹部内脏或脑部受伤的可能性。

（4）为防止伤口感染，应用清洁布片覆盖。救护人员不得用手直接接触伤口，更不得在伤口内填塞任何东西或随便用药。

（5）搬运时应使伤员平躺在担架上，腰部束在担架上，防止跌下。平地搬运时伤员头部在后，上楼、下楼、下坡搬运时头部在上，搬运中应严密观察伤员，防止伤情突变。伤员搬运方法如图 C-18 所示。

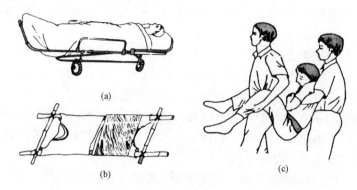

图 C-18　伤员搬运方法

(a) 正常担架；(b) 临时担架及木板；(c) 错误搬运方法

(6) 若怀疑伤员有脊柱损伤（高处坠落者），在放置体位及搬运时必须保持脊柱不扭曲、不弯曲，应使伤员平卧在硬质平板上，并设法用沙土带（或其他替代物）放置在其头部及躯干两侧以适当固定，以免引起截瘫。

2. 止血

(1) 伤口渗血。用较伤口稍大的消毒纱布数层覆盖伤口，然后进行包扎。若包扎后仍有较多渗血，可再加绷带适当加压止血。

(2) 伤口出血呈喷射状或鲜红血液涌出时，立即用清洁手指压迫出血点上方（近心端），使血流中断，并将出血肢体抬高或举高，以减少出血量。

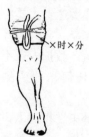

图 C-19　止血带

(3) 用止血带或弹性较好的布带等止血时（见图 C-19），应先用柔软布片或伤员的衣袖等数层垫在止血带下面，再扎紧止血带以刚使肢端动脉搏动消失为度。上肢每 60min、下肢每 80min 放松一次，每次放松 1～2min。开始扎紧与每次放松的时间均应书面标明在止血带旁。扎紧时间不宜超过 4h。不要在上臂中 1/3 处和腋窝下使用止血带，以免损伤神经。若放松时观察已无大出血可暂停使用。

（4）严禁用电线、铁丝、细绳等作止血带使用。

（5）高处坠落、撞击、挤压可能造成胸腹内脏破裂出血。受伤者外观无出血但常表现面色苍白，脉搏细弱，气促，冷汗淋漓，四肢厥冷，烦躁不安，甚至神志不清等休克状态，应迅速使其躺平，抬高下肢（见图 C-20），保持温暖，速送医院救治。

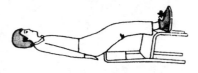

图 C-20　抬高下肢

若送院途中时间较长，可给伤员饮用少量糖盐水。

3. 骨折急救

（1）肢体骨折可用夹板或木棍、竹竿等将断骨上、下方两个关节固定（见图 C-21），也可利用伤员身体进行固定，避免骨折部位移动，以减少疼痛，防止伤势恶化。

开放性骨折，伴有大出血者，先止血再固定，并用干净布片覆盖伤口，然后速送医院救治。切勿将外露的断骨推回伤口内。

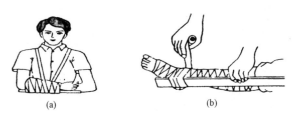

(a)　　　　　　　　　　(b)

图 C-21　骨折固定方法

（a）上肢骨折固定；（b）下肢骨折固定

（2）疑有颈椎损伤的，在使伤员平卧后，用沙土袋（或其他代替物）放置在头部两侧（见图 C-22），使颈部固定不动。

应进行口对口呼吸时，只能采用抬颏使气道通畅，不能再将头部后仰移动或转动头部，以免引起截瘫或死亡。

（3）腰椎骨折应使伤员平卧在平硬木板上，并将腰椎躯干及两侧下肢一同进行固定，以预防瘫痪（见图 C-23）。搬动时应数人合作，保持平稳，不能扭曲。

图 C-22　颈椎骨折固定　　　　图 C-23　腰椎骨折固定

4. 颅脑外伤急救

（1）应使伤员采取平卧位，保持气道通畅。若有呕吐，应扶好伤员头部和身体，使头部和身体同时侧转，防止呕吐物造成窒息。

（2）耳鼻有液体流出时，不要用棉花堵塞，只可轻轻拭去，以利于降低颅内压力。也不可用力擤鼻，排除鼻内液体，或将液体再吸入鼻内。

（3）颅脑外伤时，病情可能复杂多变，禁止给予饮食，速送医院诊治。

5. 烧伤急救

（1）电灼伤、火焰烧伤或高温气、水烫伤均应保持伤口清洁。将伤员的衣服鞋袜用剪刀剪开后除去。伤口全部用清洁布片覆盖，防止污染。四肢烧伤时，先用清洁冷水冲洗，然后用清洁布片或消毒纱布覆盖送医院。

（2）强酸或碱灼伤应迅速脱去被溅染衣物，现场立即用大量清水彻底冲洗，要彻底，然后用适当的药物给予中和；冲洗时间不少于 10min。被强酸烧伤应用 5％碳酸氢钠（小苏打）溶液中和；被强碱烧伤应用 0.5％～5％醋酸溶液或 5％氯化铵或 10％枸橼酸液中和。

（3）未经医务人员同意，灼伤部位不宜敷搽任何东西和药物。

（4）送医院途中，可给伤员多次少量口服糖盐水。

6. 冻伤急救

（1）冻伤使肌肉僵直，严重者深及骨骼，在救护搬运过程中动作要轻柔，不要勉强使其肢体弯曲活动，以免加重损伤，应使用担架将伤员平卧并抬至温暖室内救治。

（2）将伤员身上潮湿的衣服剪去后用干燥柔软的衣服覆盖，不得烤火或搓雪。

（3）全身冻伤者呼吸和心跳有时十分微弱，不应误认为死亡，应努力抢救。

7. 蛇咬伤急救

（1）被毒蛇咬伤后，不要惊慌、奔跑、饮酒，以免加速蛇毒在人体内的扩散。

1）咬伤大多在四肢，应迅速从伤口上端向下方反复挤出毒液，然后在伤口上方（近心端）用布带扎紧，将伤肢固定，避免活动，以减少毒液的吸收。

2）有蛇药时可先服用，再送往医院救治。

（2）犬咬伤急救。

1）犬咬伤后应立即用浓肥皂水或清水冲洗伤口至少15min，同时用挤压法自上而下将残留在伤口内的唾液挤出，然后再用碘酒涂搽伤口。

2）少量出血时，不要急于止血，也不要包扎或缝合伤口。

3）尽量设法查明该犬是否为"疯狗"，对医院制订治疗计划有较大帮助。

8. 溺水急救

（1）发现有人溺水应设法迅速将其从水中救出，对呼吸、心跳停止者用心肺复苏法坚持抢救。曾受水中抢救训练者在水中即可抢救。

（2）口对口人工呼吸因异物阻塞遇到困难，而又无法用手指除去时，可用两手相叠，置于伤员脐部稍上正中线上（远离剑突）迅速向上猛压数次，使异物退出，但也不能用力太大。

（3）溺水死亡的主要原因是窒息缺氧。由于淡水在人体内能很快经循环吸收，而气管能容纳的水量很少，因此在抢救溺水者时不应因"倒水"而延误抢救时间，更不应仅"倒水"而不用心肺复苏法进行抢救。

9. 高温中暑急救

（1）烈日直射头部，环境温度过高，饮水过少或出汗过多等可能引起中暑，其症状一般为恶心、呕吐、胸闷、眩晕、嗜睡、虚脱，严重时抽搐、惊厥甚至昏迷。

（2）应立即将病员从高温或日晒环境转移到阴凉通风处休息。用冷水擦浴、湿毛巾覆盖身体、电风扇吹风或在头部置冰袋等方法降温，并及时给病员口服盐水。严重者送医院治疗。

10. 有害气体中毒急救

（1）气体中毒开始时有流泪、眼痛、呛咳、咽部干燥等症状，应引起警惕。稍重时有头痛、气促、胸闷、眩晕等症状。严重时会引起惊厥昏迷。

（2）怀疑可能存在有害气体时，应立即将人员撤离现场，转移到通风良好处休息。抢救人员进入险区应戴防毒面具。

（3）气道通畅已昏迷病员应保持，有条件时给予氧气吸入。呼吸心跳停止者，按心肺复苏法抢救，并联系医院救治。

（4）迅速查明有害气体的名称，供医院及早对症治疗。